"十四五"时期国家重点出版物出版专项规划项目
中国能源革命与先进技术丛书

新型电力系统数字孪生
技术及实践

江苏省电力试验研究院有限公司　组编

机 械 工 业 出 版 社

本书围绕新型电力系统数字孪生技术与实践展开编写，从核心逻辑到关键技术，图文结合，在分析数字孪生基本概念的基础上，对电力数字孪生的技术体系进行了讲解，详细阐述了数字孪生在新能源发电预测、设备状态评估和故障诊断、电力系统高保真仿真分析中的应用，并结合典型案例为具体工作的开展提供可行性参考，为读者完整呈现新型电力系统数字孪生技术的认知探索与实践总结。

本书可供从事能源领域系统态势感知相关工作的人员，以及数据技术、数据科学领域的研究人员阅读参考。

图书在版编目（CIP）数据

新型电力系统数字孪生技术及实践/江苏省电力试验研究院有限公司组编 . —北京：机械工业出版社，2023.12

（中国能源革命与先进技术丛书）

ISBN 978-7-111-74184-8

Ⅰ．①新…　Ⅱ．①江…　Ⅲ．①数字技术-应用-电力系统-研究　Ⅳ．①TM7-39

中国国家版本馆 CIP 数据核字（2023）第 210468 号

机械工业出版社（北京市百万庄大街 22 号　邮政编码 100037）
策划编辑：汤　枫　　　　　　　　责任编辑：汤　枫
责任校对：肖　琳　牟丽英　韩雪清　责任印制：李　昂
北京捷迅佳彩印刷有限公司印刷

2023 年 12 月第 1 版第 1 次印刷
169mm×239mm·15.5 印张·2 插页·260 千字
标准书号：ISBN 978-7-111-74184-8
定价：129.00 元

电话服务　　　　　　　　　　网络服务
客服电话：010-88361066　　　机　工　官　网：www.cmpbook.com
　　　　　010-88379833　　　机　工　官　博：weibo.com/cmp1952
　　　　　010-68326294　　　金　书　网：www.golden-book.com
封底无防伪标均为盗版　　　机工教育服务网：www.cmpedu.com

本书编写组

主　　编：赵新冬　　陈锦铭

副 主 编：谭　晶　　吴　晨　　朱卫平　　袁晓冬　　张东霞

编写人员：蒋承伶　　车　伟　　嵇建飞　　韩华春　　章　飞

　　　　　马洲俊　　凌绍伟　　蔡冬阳　　陈　烨　　徐长福

　　　　　王恩民　　王一妹　　吴　凡　　张　曦　　杜静宇

　　　　　赵鹏程　　武　青　　朱　勇　　赵珈卉　　蒋　英

　　　　　陶留海　　李　桐　　杨舒钧　　张　帅　　张俊杰

　　　　　艾　睿　　郑　炜　　侯攀科　　梁　伟　　黄哲忱

　　　　　周祉君　　顾智敏　　戴永东　　秦晓辉　　朱道华

　　　　　岑炳成　　李　娟　　姜云龙　　陈　静

　　《中华人民共和国国民经济和社会发展第十四个五年规划和 2035 年远景目标纲要》提出："加快推动数字产业化，培育壮大人工智能、大数据、区块链、云计算、网络安全等新兴数字产业"。数字孪生技术契合了我国以新型技术为产业转型升级赋能的战略需求，成为应对当前百年未有之大变局的关键使能技术。近年来，数字孪生在智能制造、航天、军事等领域得到了快速发展和落地应用。

　　数字孪生与电网的深化融合，将有效推动电网产业数字化、网络化、智慧化发展进程，助力电网的技术创新和转型发展。由于电力系统与传统工业制造业存在比较大的差异，如何通过数字化手段实现电网一张图，有效利用海量电网运行数据、设备监测数据，同时融合外界环境数据、灾害数据，为大电网安全运行提供强有力的支撑，助力电网数字化转型，成为当前电力行业研究的重点方向之一。

　　在此背景下，江苏省电力试验研究院有限公司组织电力行业的专家，编写了本书，围绕新型电力系统数字孪生技术及实践，充分展示电力行业关于数字孪生技术与实践研究的最新成果和前沿进展，通过提纲挈领、抽丝剥茧，梳理出新型电力系统数字孪生技术的核心逻辑、关键技术和实现路径，为新型电力系统数字孪生从业者提供可参考的技术架构与实践案例。

　　本书内容全面，逻辑清晰，对新型电力系统数字孪生技术理论与实践应用进行了专业性、系统性的解析、研究和探索。全书共 6 章：第 1 章详述数字孪生的内涵与发展、应用价值，进而阐述数字孪生对新型电力系统的支撑作用；第 2 章结合数字孪生的典型特征与体系架构阐述数字孪生关键技术和电力系统数字孪生关键应用技术；第 3 章基于数字孪生的风电功率精准预测方法和基于数字孪生的光伏功率精准预测方法，介绍数字孪生在新能源发电预测中的应用；第 4 章介绍数字孪生在输变电设备状态评估和故障诊断中的应用，包括数字孪生技术在输电线路状态评估和故障诊断、变压器多物理场仿真和故障诊断、风电机组设备故障诊断、光伏设备故障诊断、电化学储能 SoC 和 SoH 评估等方面的应用；第 5 章从基于数字孪生的配电系统高保真仿真、基于数字孪生的输电系统高保真仿真、基于数字孪生的电力系统在线实时仿真三个方面介绍数字孪生在电力系统高保真仿真分析中的应用；第 6 章广泛收集电力数字孪生国内外工程实践案例，提供典型经验的指导借鉴。

在数字时代的大背景下，数实融合发展不断深入，数字孪生作为产业数字化核心技术之一，其在电力行业的大规模应用还处于起步阶段。本书虽然经过编写组认真调研、编写、修订和审核，但限于水平，错漏之处在所难免，恳请读者批评指正并提出宝贵意见和建议。

编　者

目录 CONTENTS

前言

第1章 CHAPTER.1

概述 / 1

1.1 数字孪生的内涵与发展 / 2

    1.1.1 数字孪生定义 / 2

    1.1.2 数字孪生发展历程 / 3

    1.1.3 数字孪生发展趋势 / 5

1.2 数字孪生的应用价值 / 5

    1.2.1 制造业中的数字孪生应用 / 6

    1.2.2 能源行业中的数字孪生应用 / 6

    1.2.3 交通运输领域中的数字孪生应用 / 7

    1.2.4 医疗健康领域中的数字孪生应用 / 7

1.3 数字孪生对新型电力系统的支撑作用 / 8

    1.3.1 智能调度与优化 / 8

    1.3.2 新能源接入与并网运行 / 8

    1.3.3 电网安全与稳定 / 8

    1.3.4 电力设备预测性维护与故障诊断 / 9

    1.3.5 微电网与能源互联网发展支持 / 9

    1.3.6 智能电表与用电信息管理 / 9

    1.3.7 电力系统规划与优化 / 9

    1.3.8 电动汽车充电设施与能源管理 / 9

第2章 CHAPTER.2 数字孪生技术体系 / 11

2.1 数字孪生的典型特征与体系架构 / 12

2.1.1 数字孪生典型特征 / 12

2.1.2 数字孪生体系架构 / 13

2.2 数字孪生关键技术 / 14

2.2.1 物联网 / 15

2.2.2 云计算与边缘计算 / 17

2.2.3 大数据与人工智能 / 20

2.2.4 建模技术 / 29

2.2.5 仿真技术 / 35

2.2.6 可视化技术 / 40

2.3 电力系统数字孪生关键应用技术 / 43

2.3.1 电力系统及其运行环境的感知技术 / 46

2.3.2 数据的传输与存储 / 66

2.3.3 建模技术——多物理场仿真 / 74

2.3.4 可视化技术 / 83

2.3.5 数据及网络安全技术 / 98

第3章 CHAPTER.3 数字孪生在新能源发电预测中的应用 / 103

3.1 基于数字孪生的风电功率预测 / 104

3.1.1 面向风电功率预测的感知技术和数据技术 / 105

3.1.2 基于机器学习的风电场功率预测建模技术 / 106

3.1.3 具有演化能力的风电场功率预测建模技术 / 112

3.2 基于数字孪生的光伏功率预测 / 113

3.2.1 面向光伏功率预测的感知技术和数据
技术 / 114

3.2.2 基于深度学习和迁移学习的光伏功率预测
建模技术 / 117

3.2.3 预测模型演化和自学习方法 / 121

第4章
CHAPTER.4

数字孪生在输变电设备状态评估和

故障诊断中的应用 / 122

4.1 输电线路数字孪生仿真与故障诊断 / 123

4.1.1 输电线路数字孪生仿真 / 123

4.1.2 输电线路故障诊断 / 126

4.1.3 基于数字孪生技术的输电线路仿真与故障
预警应用案例 / 128

4.2 变压器多物理场数字孪生仿真和故障诊断 / 130

4.2.1 变压器多物理场仿真及耦合分析 / 130

4.2.2 基于数字孪生的变压器故障预测技术 / 133

4.2.3 数字孪生技术在变压器应用中面临的挑战
以及发展前景 / 138

4.3 风电机组设备故障诊断 / 140

4.3.1 风电机组部件故障对风电出力的影响 / 140

4.3.2 基于风电出力的部件故障检测 / 146

4.3.3 风电部件故障实时识别技术 / 149

4.4 光伏设备故障诊断 / 151

4.4.1 光伏部件故障对光伏出力的影响 / 151

4.4.2 基于光伏出力的部件故障检测 / 156

4.4.3 光伏部件故障指纹 / 161

4.4.4 光伏部件故障实时识别技术 / 165

4.5 基于数字孪生的电化学储能电站智慧运维 / 170

4.5.1 数字孪生技术在储能领域的应用 / 170

4.5.2 储能数字孪生数据架构 / 173

4.5.3 基于数字孪生的电池运维 / 177

4.5.4 储能数字孪生应用示例 / 188

4.5.5 储能电站数字孪生应用挑战 / 189

第 5 章
CHAPTER.5

数字孪生在电力系统高保真分析中的应用 / 192

5.1 基于数字孪生的配电系统高保真仿真 / 193

5.1.1 配电系统动态全过程数值仿真方法 / 196

5.1.2 配电系统动态全过程仿真加速技术 / 197

5.1.3 配电系统动态−电磁混合仿真 / 200

5.2 基于数字孪生的输电系统高保真仿真 / 202

5.2.1 直流输电换流站高保真仿真方法 / 203

5.2.2 大规模新型电力系统解耦与并行仿真
方法 / 206

5.3 基于数字孪生的电力系统在线实时仿真 / 207

5.3.1 电力系统实时仿真硬件平台 / 208

5.3.2 电力系统硬件在环仿真 / 209

5.3.3 分布式发电集群实时仿真与测试平台 / 212

第 6 章
CHAPTER.6

电力数字孪生国内外工程实践 / 215

6.1 新加坡国家电网数字孪生 / 216

6.1.1 项目介绍 / 216

6.1.2 实施方案 / 217

6.1.3 实施效果 / 217

6.2 美国 AEP 的输电网数字孪生 / 218

6.2.1 项目介绍 / 218

6.2.2 实施方案 / 218

6.2.3 实施效果 / 219

6.3 GE 的电厂数字孪生 / 220

6.3.1 项目介绍 / 220

6.3.2 实施方案 / 220

6.3.3 功能和效益 / 221

6.4 华能集团海上风电数字孪生 / 221

6.4.1 项目介绍 / 221

6.4.2 实施方案 / 222

6.4.3 功能和效益 / 224

6.5 雄安新区变电站数字孪生 / 225

6.5.1 项目介绍 / 225

6.5.2 实施方案 / 225

6.5.3 功能和效益 / 226

6.6 上海浦东变电站数字孪生 / 227

6.6.1 项目介绍 / 227

6.6.2 实施方案 / 227

6.6.3 功能和效益 / 228

6.7 南方电网源网荷储数字孪生 / 229

6.7.1 项目介绍 / 229

6.7.2 实施方案 / 229

6.7.3 功能和效益 / 231

参考文献 / 233

第 1 章

概述

　　随着经济社会数字化转型的持续推进，数字孪生逐渐成为产业各界关注的热点技术。数字孪生起源于航天军工领域，近年来持续向智能制造、智慧城市等垂直行业拓展，让数据信息、场景变得流程化、可视化、立体化，有效地促进数字经济发展。

　　数字孪生并非简单的模拟，它是物理系统的数字复制，涵盖了系统的结构、行为和性能等方方面面。本章从概念的提出开始，探究数字孪生技术是如何逐步演化、壮大的，如何在这一进程中融合了物联网、人工智能（Artificial Intelligence，AI）、数据分析等前沿技术。从基础概念到实际应用，从理论探讨到实践案例，全面解析数字孪生技术在新型电力系统中的内涵、应用价值以及对新型电力系统的支撑作用。

1.1　数字孪生的内涵与发展

▶▶ 1.1.1　数字孪生定义

　　数字孪生（Digital Twin）又称数字映射，是物理实体的数字版"克隆体"，它是对实体对象的动态仿真，含有"全生命周期实时/准实时""双向交互"的特征。

　　"数字孪生"的概念最早由美国密歇根大学 Michael Grieves 教授于 2003 年提出，之后美国军方和 NASA 在航空航天器领域提出"数字孪生"应用场景，并将"数字孪生"定义为一个集成多物理场、多尺度、概率性的仿真过程。当前，数字孪生得到了国内外学者及产业界的广泛关注，但对数字孪生存在多种不同认识和理解，目前尚未形成统一共识的定义。表 1-1 给出了业界对数字孪生的各自不同定义。

表 1-1　数字孪生定义

时间/年	提 出 者	阶 段	定 义
2009	美国空军研究实验室	"孪生"名词首次出现	孪生体是一个由数据、模型和分析工具构成的系统。该系统不仅可以在整个生命周期内表达飞机机身，并可以依据非确定信息对整个机队和单架机身进行决策，包括当前诊断和未来预测

（续）

时间/年	提 出 者	阶 段	定 义
2010	NASA	"数字孪生"概念首次提出	数字孪生体是一个集成了多物理场、多尺度和概率仿真的数字飞行器（或系统），它可以通过逼真物理模型、实时传感器和服役历史来反映真实飞行器的实际状况
2017	佐治亚理工大学	"数字孪生城市"首次提出	智慧城市数字孪生体是一个智能的、支持物联网、数据丰富的城市虚拟平台，可用于复制和模拟真实城市中发生的变化，以提升城市的弹复性、可持续发展能力和宜居性
2019	ISO	标准化组织开展研究	数字孪生体是现实事物或过程具有特定目的的数字化表达，并通过适当频率的同步使物理实例与数字实例之间趋向一致
	中国电子信息产业发展研究院	国内组织开展研究	数字孪生是综合运用感知、计算、建模等信息技术，通过软件定义，对物理空间进行描述、诊断、预测、决策，进而实现物理空间与赛博空间的交互映射

▶▶ 1.1.2 数字孪生发展历程

数字孪生的概念始于航天军工领域，经历了技术探索、概念提出、应用萌芽、行业渗透4个发展阶段。

数字孪生的发展历程如图1-1所示。数字孪生技术最早在1969年被NASA应用于阿波罗计划中，用于构建航天飞行器的孪生体，反映航天器在轨工作状态，辅助紧急事件的处置。2003年，数字孪生概念正式被美国密歇根大学的Grieves教授提出并强调全生命周期交互映射的特征。

经历了几年的概念演进发展后，自2010年开始，数字孪生技术在各行业呈现应用价值，美国军方基于数字孪生实现F35战机的数字伴飞，降低战机维护成本和使用风险；通用电器为客机航空发动机建立孪生模型，实现实时监控和预测性维护；欧洲工控巨头西门子、达索、ABB在工业装备企业中推广数字孪生技术，进一步促进了技术向工业领域的推广。近年来，数字孪生技术在工业、城市管理领域持续渗透，并向交通、健康医疗等垂直行业拓展，实现机理描述、异常诊断、风险预测、决策辅助等应用价值，有望在未来成为经济社会产业数字化转型的通用技术。

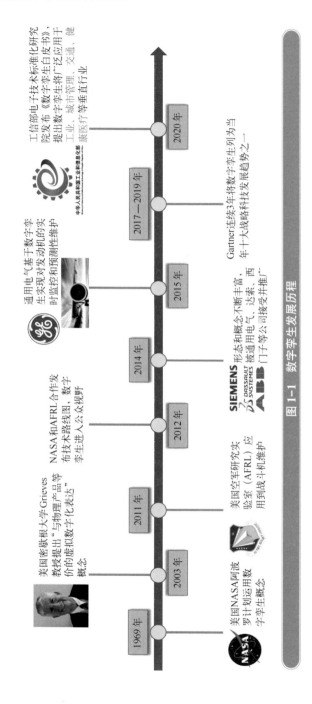

图 1-1 数字孪生发展历程

1969 年 美国NASA阿波罗计划运用数字孪生概念

2003 年 美国密歇根大学Grieves教授提出"与物理产品等价的虚拟数字化表达"概念

2011 年 美国空军研究室（AFRL）应用到战斗机维护

2012 年 NASA和AFRL合作发布技术路线图，数字孪生进入大众视野

2014 年 SIEMENS DASSAULT SYSTEMES ABB 形态和概念不断丰富，被通用电气、达索、西门子等公司接受并推广

2015 年 通用电气基于数字孪生实现对发动机的实时监控和预测性维护

2017—2019 年 Gartner连续3年将数字孪生列为当年十大战略科技发展趋势之一

2020 年 工信部电子技术标准化研究院发布《数字孪生应用白皮书》，提出数字孪生将广泛应用于工业、城市管理、交通、健康医疗等垂直行业

▶▶ **1.1.3 数字孪生发展趋势**

随着人工智能、物联网、大数据等技术的快速发展,数字孪生技术将迎来更广泛的应用领域和更高的发展水平。

1)更高精度的数字模型:通过引入更多数据源和更复杂的算法,未来的数字孪生技术将构建出更加精确的数字模型,从而提高设备和系统的运行效率和安全性。

2)更广泛的应用领域:数字孪生技术将不仅局限于工业设备和电力系统,还将拓展到交通、医疗、环境保护等更多领域,为各行各业提供更高效的数据分析和优化解决方案。

3)更强大的人工智能支持:随着人工智能技术的不断发展,数字孪生技术将能够实现更智能的决策支持,提高设备和系统的自主运行能力。

4)更紧密的跨领域融合:数字孪生技术将与物联网、云计算、大数据等技术更加紧密地融合,实现设备和系统的全面数字化和智能化。

5)更丰富的应用场景:随着数字孪生技术的不断发展和应用,未来将出现更多针对特定场景和需求的数字孪生解决方案,满足不同行业和领域的个性化需求。

数字孪生技术作为一种前沿技术,从起源阶段到发展阶段,逐渐渗透到各行各业,包括电力行业。在电力行业中,数字孪生技术的应用已经取得了显著的成果,如智能电网建设、新能源集成、能源调度和电力市场运行等方面。在未来发展趋势中,数字孪生技术将实现更高精度的数字模型、更广泛的应用领域、更强大的人工智能支持、更紧密的跨领域融合和更丰富的应用场景,为各行各业带来更高效的数据分析和优化解决方案。

1.2 数字孪生的应用价值

数字孪生是将物理实体与其数字模型相结合的创新技术,通过实时模拟、监控和优化来提升系统性能和效率。随着信息技术、人工智能、物联网等技术的蓬勃发展,数字孪生技术在社会各行业的应用越来越广泛,为生产、管理、决策等方面带来革命性的变革。

▶▶ 1.2.1 制造业中的数字孪生应用

在制造业中，数字孪生技术的应用价值不言而喻。通过数字孪生，制造企业可以在产品设计、生产过程和售后服务等各个环节实现数字化仿真和优化。首先，数字孪生技术可以在产品设计阶段进行虚拟仿真，优化产品结构、材料和工艺，缩短产品开发周期，降低产品开发成本。其次，在生产过程中，数字孪生技术可以实时监测设备状态和生产效率，及时发现问题并采取措施，提高生产线的稳定性和生产效率。最后，在售后服务中，数字孪生技术可以实时追踪产品的使用状况，帮助企业预测维修需求，提高服务响应速度和客户满意度。

随着人工智能和物联网技术的不断发展，数字孪生技术在制造业中的应用将变得更加智能化和自动化。例如，智能制造车间可以通过数字孪生技术实现设备自动调整和优化生产计划，提高生产线的柔性和智能化。此外，数字孪生技术还可以结合增强现实技术，为操作工人提供实时的指导和培训，提高工人的生产技能和安全意识。

▶▶ 1.2.2 能源行业中的数字孪生应用

在能源行业中，数字孪生技术也发挥着重要的作用。能源行业是一个复杂、庞大的系统，涉及发电、输配电、能源储存等多个环节。通过数字孪生技术，能源企业可以对整个能源系统进行实时监测和优化。首先，在发电环节，数字孪生技术可以实时模拟各种能源发电方式的运行情况，优化发电计划，提高发电效率和稳定性。其次，在输配电环节，数字孪生技术可以实时监测电网的状态和负荷情况，预测电网故障，提高电网的可靠性和安全性。最后，在能源储存环节，数字孪生技术可以优化能源储存设备的运行策略，提高能源的利用效率和储存能力。

随着可再生能源的不断普及，数字孪生技术在能源行业中的应用价值将更加凸显。例如，在风电和太阳能发电方面，数字孪生技术可以通过模拟风速、光照等环境因素，预测能源产量，帮助企业做出更科学的发电计划。此外，数字孪生技术还可以与电动汽车充电桩相结合，优化充电策略，提高充电效率和用户体验。

▶▶ 1.2.3　交通运输领域中的数字孪生应用

在交通运输领域，数字孪生技术可以在交通规划、智能交通管理、车辆设计和驾驶辅助等方面发挥作用。首先，在交通规划方面，数字孪生技术可以模拟不同交通方案的效果，包括道路布局、公交线路和交通信号优化，帮助城市规划者做出更合理的交通规划决策。其次，在智能交通管理方面，数字孪生技术可以实时监测交通流量和拥堵情况，优化交通信号控制和路网调度，提高交通的流畅性和安全性。最后，在车辆设计和驾驶辅助方面，数字孪生技术可以进行车辆碰撞仿真和驾驶模拟，评估车辆性能和驾驶安全性，帮助车辆制造商改进车辆设计和提供更智能的驾驶辅助系统。

随着自动驾驶技术的不断发展，数字孪生技术在交通运输领域的应用将更加广泛。例如，在自动驾驶车辆方面，数字孪生技术可以实现虚拟驾驶场景的模拟，测试自动驾驶系统的安全性和可靠性。此外，数字孪生技术还可以与智能交通设施相结合，实现车辆和道路的智能协同，提高交通运输的效率和安全性。

▶▶ 1.2.4　医疗健康领域中的数字孪生应用

在医疗健康领域，数字孪生技术可以将患者的生理数据、病情模拟和医疗知识相结合，帮助医生进行精准诊断和治疗。首先，在影像诊断方面，数字孪生技术可以实现影像数据的三维重建和模拟，帮助医生更准确地分析病灶和制定治疗方案。其次，在手术规划和模拟方面，数字孪生技术可以对手术过程进行虚拟仿真，帮助医生预测手术结果和风险，提高手术的安全性和成功率。最后，在个性化治疗方面，数字孪生技术可以根据患者的个体特征和病情模拟，量身定制治疗方案，提高治疗效果和患者满意度。

随着人体数据采集和人工智能技术的不断进步，数字孪生技术在医疗健康领域的应用前景将更加广阔。例如，在基因医学方面，数字孪生技术可以根据患者的基因信息和病情模拟，预测患病风险，指导个性化治疗。此外，数字孪生技术还可以与远程医疗相结合，实现医生与患者之间的虚拟会诊和诊疗，提高医疗资源的利用效率和医疗服务的覆盖范围。

1.3 数字孪生对新型电力系统的支撑作用

新型电力系统是以新能源为供给主体，以确保能源电力安全为基本前提，以满足经济社会发展电力需求为首要目标，以坚强智能电网为枢纽平台，以源网荷储互动与多能互补为支撑，具有清洁低碳、安全可控、灵活高效、智能友好、开放互动基本特征的电力系统。数字孪生技术在新型电力系统中的应用具有显著的支撑作用，可以推动电力系统的智能化、高效化和绿色化发展。以下几个方面阐述了数字孪生在新型电力系统中的支撑作用。

▶▶ 1.3.1 智能调度与优化

数字孪生技术可以帮助电力系统实现实时、精确的负荷预测、设备监测与调度决策。通过构建电力系统的数字模型，运行调度人员可以根据实时数据对电力系统进行智能调度与优化，以提高电力系统的运行效率和可靠性。例如，在电力系统中，利用数字孪生技术可以实时监测各个发电厂、输电线路和配电设备的运行状态，为调度决策提供数据支持。

▶▶ 1.3.2 新能源接入与并网运行

随着新能源（如太阳能、风能等）的快速发展，如何实现新能源与传统能源的高效、安全并网运行成为电力系统面临的挑战。数字孪生技术可以为新能源接入与并网运行提供有效支持。例如，在风电场中，利用数字孪生技术可以实时监测风力发电机的运行状态，预测可能出现的故障，从而及时安排维修和保养。同时，通过对风电场的实时监测，可以实现对风电场与电网系统的协同调度，确保风电场的高效、安全运行。

▶▶ 1.3.3 电网安全与稳定

数字孪生技术在保障电网安全与稳定方面起着重要支撑作用。通过实时监测电网设备和系统的运行状态，数字孪生技术可以帮助电力系统及时发现潜在的安全隐患，避免事故的发生。例如，在电力系统中，利用数字孪生技术可以实时监测输电线路的温度、电流等参数，确保输电线路的安全运行。

▶▶ 1.3.4 电力设备预测性维护与故障诊断

数字孪生技术可以实现对电力设备的实时监测与故障诊断，从而提高设备的可靠性和使用寿命。例如，在变电站中，利用数字孪生技术可以实时监测变压器、断路器等设备的运行状态，预测可能出现的故障。这有助于企业采取有效的预防措施，避免因设备故障导致生产中断和损失。此外，数字孪生技术还可以帮助电力企业实现预测性维护，根据设备的实际运行状况制定维护计划，降低维护成本。

▶▶ 1.3.5 微电网与能源互联网发展支持

随着分布式能源和微电网技术的发展，能源互联网逐渐成为电力行业的发展趋势。数字孪生技术可以为微电网和能源互联网的构建与运行提供有力支持。通过构建微电网和能源互联网的数字模型，电力企业可以实时监测分布式能源、储能设备、用电负荷等并进行调度优化，从而提高能源的利用效率和系统的可靠性。

▶▶ 1.3.6 智能电表与用电信息管理

数字孪生技术可以为智能电表与用电信息管理提供重要支撑。利用数字孪生技术，电力企业可以实现对智能电表的远程监测和数据采集，为用电信息管理提供实时、准确的数据支持。同时，基于数字孪生技术，电力企业可以实现对用电负荷的实时预测与调度优化，从而提高用电效率，降低电力成本。

▶▶ 1.3.7 电力系统规划与优化

数字孪生技术在电力系统规划与优化方面具有重要价值。通过构建电力系统的数字模型，电力企业可以对电力系统的发展趋势进行实时仿真和分析，为电力系统的规划与优化提供有力支持。例如，在电力系统中，利用数字孪生技术可以实现对发电、输电、配电等环节的容量、运行成本、环境影响等因素的综合评估，为电力系统的规划与优化提供科学依据。

▶▶ 1.3.8 电动汽车充电设施与能源管理

随着电动汽车市场的快速发展，电动汽车充电设施的规划与建设成为电力系统面临的新挑战。数字孪生技术可以为电动汽车充电设施的规划与运行提供有效支持。通过构建电动汽车充电设施的数字模型，电力企业可以实现对充电桩、充电站等设施的实时监测与能源管理，提高充电设施的运行效率和可靠性。同时，利用数字孪生技术，电力企业可以对充电需求进行实时预测，为充电设施的规划与优化提供数据支持。

综上所述，数字孪生技术在新型电力系统中发挥着广泛的支撑作用，包括智能调度与优化、新能源接入与并网运行、电网安全与稳定、电力设备预测性维护与故障诊断、微电网与能源互联网发展支持、智能电表与用电信息管理、电力系统规划与优化、电动汽车充电设施与能源管理等方面。在未来，随着数字孪生技术的不断发展和完善，其在新型电力系统中的应用将愈发广泛，为电力系统的智能化、高效化和绿色化发展提供有力支持。

第 2 章

数字孪生技术体系

数字孪生在各领域的实现，需要基于庞大的数据，借助不断发展的智能感知、仿真建模、人工智能、虚拟现实等先进技术，逐步架构出物理实体在虚拟空间中的数字孪生体，帮助人们实现对物理实体的数字化预测、决策、管控与优化。图 2-1 所示为物理实体与数字孪生体示意图。为深入了解数字孪生技术体系，本章介绍数字孪生的典型特征及其体系架构，并基于体系架构介绍数字孪生关键技术，重点介绍适用于电力系统的关键技术。

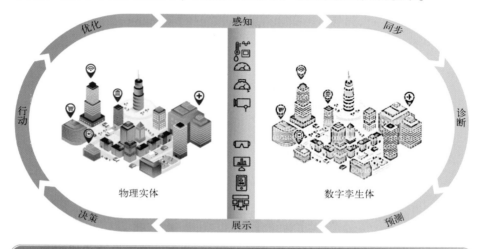

图 2-1　物理实体与数字孪生体

2.1　数字孪生的典型特征与体系架构

▶▶ 2.1.1　数字孪生典型特征

数字孪生已逐渐在各行各业开始应用，其应用形式和方法各有不同，但总体上具备以下典型特征：

1）实体数字化。数字孪生体是对物理实体进行数字化而构建的模型，需要高度接近物理实体。也就是说，物理实体的各项指标及相互关系都能够高度近似地虚拟在数字孪生体中，而数字孪生体中模拟的演化预测也能够高度近似地对应物理实体的变化。

2）信息同步化。"信息"既是指物理实体的状态信息、运行信息，也是数字孪生体经过虚拟诊断、预测给出的过程、建议和结果等。数字孪生体与物理实体之间存在数据及指令相互流动的通道，将信息在虚拟与实体之间进行同步。

3）运行预测化。基于物理实体在真实世界中运行的海量历史数据及物理机理，利用数字孪生体进行仿真，从而预测物理实体未来的状态。未来状态的预测能够帮助用户做出更合理的决策。比如根据物理实体的实时运行状态，通过数字孪生体实现对系统风险的预测，使用户从容避免非计划事故的发生。

4）智慧共享化。由于数字孪生体是基于物理实体构建的，其信息是相互同步的，因此在全生命周期中二者相互依存。同时物理实体的各个子系统之间是相互作用、相互影响的，因此在数字孪生体系统内部的各个构成之间也是相互影响的，且共享信息与智慧（如算法、数据库等）。

▶▶ 2.1.2　数字孪生体系架构

基于以上典型特征，可以提出一种数字孪生的体系架构，如图 2-2 所示。

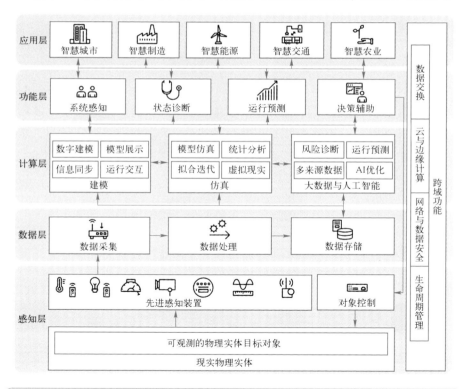

图 2-2　数字孪生体系架构

（1）感知层

感知层主要包括物理实体中可供观测的目标对象以及各类新型传感器、表计、摄像头、数据采集器等硬件装置。这些装置通过先进的物联网技术装配或搭载在实体上。

（2）数据层

数据层主要包括保证数据和网络安全的数据采集及通信装置，具备数据大吞吐、高并发、高可用的数据处理能力，以及保证系统全生命周期内的数据可靠性的数据管理及监控服务。

（3）计算层

计算层是数字孪生体的核心，它以物理机制和大数据为基础，充分发挥各项先进关键技术的能力，既能实现对下层数据的利用，又能对上层功能提供支撑。

（4）功能层

功能层是数字孪生体的直接价值体现，可以实现系统感知、状态诊断、运行预测、决策辅助等功能。系统感知是指数字孪生体能够真实描述及呈现物理实体的状态；状态诊断是指数字孪生体实时监测系统，并判断即将发生的不稳定状态；运行预测是指数字孪生体能够根据系统运行数据以及环境等其他相关数据，对物理实体未来的状态进行预测，从而使得数字孪生体在感知和诊断的基础上，还具备自主分析决策能力；决策辅助是指数字孪生体能够根据其呈现、诊断及预测的结果，为系统及物理实体运行过程中各项决策提供参考辅助。

（5）应用层

应用层是面向各类场景的数字孪生体的最终价值体现，具体表现为针对不同行业的数字孪生或智慧系统在各行各业的数字化转型中得到应用和落地。目前数字孪生已经应用于智慧城市、智慧制造、智慧能源、智慧交通等多个领域，尤以数字孪生城市和数字孪生制造的发展最为成熟。

2.2 数字孪生关键技术

根据数字孪生体系架构，应用在数字孪生各个层级的关键技术包括以下几项：

1）物联网技术，主要应用在感知层及数据层。

2）云计算与边缘计算，主要应用在数据层及计算层。

3）大数据与人工智能，主要应用在计算层。

4）建模，主要应用在计算层。

5）仿真，主要应用在计算层。

6）可视化技术（VR、AR、MR），主要应用在功能层。

2.2.1　物联网

物联网技术涵盖了数字孪生架构的感知层与数据层的技术需求，是承载数字孪生体数据流的重要工具。通过各类信息感知技术及设备，物联网技术可以实时采集监控对象的位置、声、光、电、热等数据并通过网络进行回传，实现物与物、物与人的泛在连接，完成对监控对象的智能化识别、感知与管控。

1. 技术内涵

具体来说，物联网技术包括以下几个方面。

1）传感器技术：传感器是物联网技术的核心组成部分，用于感知和采集监控对象的各种数据，包括位置、声、光、电、热等数据。传感器技术包括温度传感器、湿度传感器、压力传感器、光学传感器、声学传感器等，通过传感器技术可实现对监控对象的精准感知和数据采集。

2）通信技术：通信技术是物联网技术的重要组成部分，用于将采集到的数据传输到数字孪生体。通信技术包括短距离无线通信技术（如 NFC、RFID、Bluetooth、Zigbee、WiFi、NBIoT、LoRa 等）和远程通信技术（互联网、移动通信网、卫星通信网等），通过通信技术可以实现对数据的实时传输和远程管理。

3）数据处理技术：数据处理技术是物联网技术的另一个重要组成部分，用于对采集到的数据进行处理和分析。数据处理技术包括数据挖掘、机器学习、人工智能等，通过数据处理技术可以实现对数据的智能化分析和决策支持。

2. 技术难点

随着物联网技术的不断发展，其在不同的场景中得到越来越多的应用。在应用中，碰到的难点主要包括以下几个方面。

1）数据安全：物联网技术涉及大量的敏感数据，如何保证数据的安全和隐私是物联网技术面临的一个重要难点。为了保证数据的安全和隐私，需要采用多种安全技术，如数据加密、访问控制、身份认证等，以确保数据的机密性和完整性。

2）数据质量：物联网技术涉及大量的数据，如何保证数据的质量和准确性是物联网技术面临的又一重要挑战。为了保证数据的质量和准确性，需要采用多种技术手段和管理方法，包括数据采集、数据清洗、数据集成、数据质量管理等方面。

3）能耗问题：物联网技术需要大量的传感器和设备来进行数据采集和传输，如何降低能耗是物联网技术面临的另一个重要难点。为了降低能耗，需要采用低功耗技术、能源管理技术等，以确保系统的稳定性和可靠性。

4）传感器融合：物理实体的运行机制与传感器在实体内的运行有着不同的特点。传感器对实体本身运行性能的影响以及两者生命周期的不同特征，对传感器是否可以有机融合在物理实体内提出了极大的挑战。因此在选择传感器的类型以及安装和监测方式时，都需要慎重考虑、严格验证以及持续优化。

3. 难点解决

为了解决这些难点，可以针对不同问题采用不同的技术手段和管理方法。

（1）数据安全问题

数据加密技术：对传输数据进行加密，确保数据机密性和完整性。

访问控制技术：对数据进行访问控制，限制非授权用户的访问。

身份认证技术：对用户进行身份认证，确保用户的身份真实可靠。

安全协议：如 SSL/TLS 等，确保数据传输过程中的安全性。

（2）数据质量问题

数据采集技术：在数据采集过程中，选择更加适配的传感器和设备，并且采用多种数据验证技术以确保数据的全面性和准确性。

数据清洗技术：对采集到的数据进行去重、去噪、异常值处理等操作，确保数据的一致性和准确性。

数据集成技术：将不同来源的数据整合到一起，形成统一的数据仓库或数据湖，确保数据的一致性和可读性。同时还减少了数据统计的计算量和调用时间。

数据质量管理技术：建立数据质量管理体系和流程，对数据进行分类和标准化，以便于后续的数据分析和处理。

（3）能耗问题

低功耗技术：采用低功耗的传感器和设备，降低系统的能耗及供能的技术难度。这样也更容易实现就地取电的方案。

能源管理技术：针对应用场景设计适配的电源方案，并对其进行系统能源管理，确保系统稳定性和可靠性，并避免不必要的浪费。

节能策略：如休眠模式、动态调整功率等，降低系统的能耗。但是要考虑不影响数据采集及传输的性能。

（4）传感器融合问题

传感器选择：在选择传感器时，需要考虑其对物理实体运行性能的影响。应选择对实体影响小、精度高、稳定性好的传感器。同时要根据实际性能需求考虑性价比，以免成本太高，无法大规模应用。另外可以尽量将传感器的功能进行组合使用，利用更少的传感器获得更多的信息。例如摄像头可以用来进行外观的测量，同时可以进行运动监测，还可以进行位置状态的诊断等。

安装及监测方式：传感器的安装和监测方式也会改变其对实体的影响。例如采用非侵入性的安装方式，可以尽可能减小对实体的影响，但是测量精度可能不足。因此需要综合判断实际的需求来进行选择。同时要考虑到传感器的使用寿命与物理实体的寿命可能不同。这样在传感器融合的设计方案中，就需要考虑传感器的更换方案。在物理实体运行的中期更换传感器时，怎样尽量小地影响实体本身的运行性能。

严格验证：在确定传感器方案之前，需要进行严格的验证，确保传感器的性能符合要求。验证过程应该包括传感器的样机验证、装机测试、实景测试等，也可以分为实验室测试和实际应用测试，以确保传感器的稳定性和准确性。

总体来说，为了解决这些难点，需要加强标准化和规范化建设，建立完善的管理体系和流程。同时，需要持续关注新技术和新方法的发展，不断优化和改进物联网技术的应用。此外，需要加强跨界协作，促进物联网技术与其他技术的融合，以实现更高效、更安全、更可靠的数字孪生体应用。

 2.2.2　云计算与边缘计算

云计算与边缘计算作为载体涵盖了数据层中数据处理的部分以及所有计算层的内容，为数字孪生提供重要计算基础设施。云计算采用分布式计算等技术，集成强大的硬件、软件、网络等资源，为用户提供便捷的网络访问，用户使用按需计费的、可配置的计算资源共享池，借助各类应用及服务完成目标功能的实现，且无须关心功能实现方式，显著提升了用户开展各类业务的效率。大致结构可参考图 2-3。云计算根据网络结构可分为私有云、公有云、混合云和专有云等，根据服务层次可分为基础设施即服务（IaaS）、平台即服务（PaaS）和软件即服务（SaaS）。

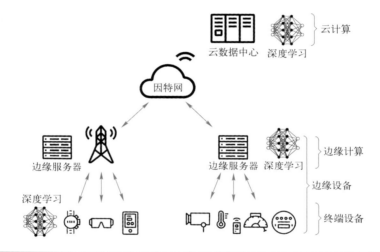

图 2-3　云计算与边缘计算结构图

1．云计算的技术内涵和特点

云计算通过将计算资源（包括硬件、软件、网络等）进行虚拟化，形成虚拟资源池，并提供按需使用的计算资源，以满足用户的需求。云计算的技术细节和特点包括以下几个方面。

1）虚拟化技术：云计算采用虚拟化技术，将物理资源（如服务器、存储设备、网络设备等）抽象出来，形成虚拟资源，用户可以通过网络访问这些虚拟资源。虚拟化技术可以提高计算资源的利用率，降低成本，同时提高系统的灵活性和可扩展性。

2）分布式计算：云计算采用分布式计算技术，将任务分解成多个子任务，分配给多个计算节点进行并行计算。分布式计算可以提高计算速度和效率，同时提高系统的可靠性和容错性。

3）弹性伸缩：云计算提供弹性伸缩功能，即根据用户的需求，自动调整计算资源的数量和规模。弹性伸缩可以提高系统的灵活性和适应性，同时可以降低成本，避免资源浪费。

4）按需计费：云计算采用按需计费模式，即用户只需支付实际使用的计算资源，而无须购买和维护计算资源。按需计费可以降低成本，提高效率，同时可以使用户更加灵活地使用计算资源。

5）多租户：云计算采用多租户模式，即多个用户可以共享同一组计算资源，但彼此之间相互隔离，保证各自的数据和应用的安全性。多租户可以提高计算资源的利用率，降低成本，同时保证用户的隐私和安全。

6）自动化管理：云计算采用自动化管理技术，即通过自动化的方式对计算资源进行管理和维护，包括资源分配、监控、备份、恢复、安全等。自动化管理可以提高系统的效率和可靠性，降低管理成本，同时可以减少人为错误和故障。

2. 边缘计算的技术内涵和特点

边缘计算是将所需的各类计算资源配置到更贴近用户侧的边缘，即计算可以在如智能手机等移动设备、边缘服务器、智能家居、摄像头等靠近数据源的终端上完成，从而减少与云端之间的传输，降低服务时延，节省网络带宽，减少安全和隐私问题。其技术细节和特点包括以下几个方面。

1）分布式计算：边缘计算也可以采用分布式计算技术，将任务分配给多个计算节点进行并行计算。

2）低延迟：边缘计算可以在本地处理数据，减少数据传输链条和通信延迟。这可以提高数据处理和应用的效率，同时可以满足对实时性要求较高的应用场景，如智能制造、智能交通等。

3）数据安全和隐私：边缘计算可以在本地处理数据，避免将敏感数据传输到云端，保证数据的安全和隐私。同时，边缘计算可以采用多租户和安全认证等技术，保证各个用户和应用之间的隔离和安全。

4）多样化的终端设备：边缘计算可以在多样化的终端设备上进行计算和数据处理，包括智能手机、边缘服务器、智能家居、摄像头等。这可以提高计算资源的利用率，同时可以满足不同应用场景的需求。

云计算和边缘计算通过以云边端协同的形式为数字孪生提供分布式计算基础。在终端采集数据后，将一些小规模局部数据留在边缘端进行轻量的机器学习及仿真，只将大规模整体数据回传到中心云端进行大数据分析及深度学习训练。对高层次的数字孪生系统，这种云边端协同的形式更能够满足系统的时效、容量和算力的需求，即将各个数字孪生体靠近对应的物理实体进行部署，完成一些具有时效性或轻度的功能，同时将所有边缘侧的数据及计算结果回传至数字孪生总控中心，进行整个数字孪生系统的统一存储、管理及调度。

▶▶ 2.2.3　大数据与人工智能

大数据是一种巨量数据的集合。大数据来源于海量设备及用户的运行及操作而产生的巨量数据，这些巨量数据可以称为一个数据的集合。

麦肯锡全球研究院曾给出过一个明确定义：大数据是一种规模大到在获取、存储、管理、分析方面大大超出了传统数据库软件工具能力范围的数据集合，它具有海量的数据规模、快速的数据流转、多样的数据类型和价值密度低四大特征。这 4 个特征也就是人们常说的 4V 特征（Volume 大量，Variety 多样性，Value 价值，Velocity 及时性）。

但是大数据的意义不在于巨量数据本身，而在于对这些数据背后含义的挖掘及利用。因此大数据技术就更加聚焦在数据处理和分析技术上。

人工智能（AI），是研究、开发用于模拟、延伸和扩展人的智能的理论、方法、技术及应用系统的一门新的技术科学。它企图了解智能的实质，并生产出一种新的能以人类智能相似的方式做出反应的智能技术。该领域的研究包括机器学习、语言识别、图像识别、自然语言处理等。人工智能自诞生以来，理论和技术日益成熟，应用领域也不断扩大，可以设想，未来人工智能带来的科技产品，将会是人类智慧的"容器"。人工智能是对人的意识、思维的信息过程的模拟。人工智能不是人的智能，但能像人那样思考，也可能超过人的智能。

大数据与人工智能是数字孪生体的计算层实现认知、诊断、预测、决策各项功能的重要技术支撑。大数据的特征是数据体量庞大、数据类型繁多、数据实时在线、数据价值密度低但商业价值高，传统的大数据相关技术主要围绕数据的采集、整理、传输、存储、分析、呈现、应用等，但是随着近年来各行业领域数据的爆发式增长，大数据开始需求更高性能的算法支撑对其进行分析处理，而正是这些需求促成了人工智能技术的诸多发展突破，二者可以说是相伴而生，人工智能需要大量的数据作为预测与决策的基础，大数据需要人工智能技术进行数据的价值化操作。目前，人工智能已经发展出更高层级的强化学习、深度学习等技术，能够满足大规模数据相关的训练、预

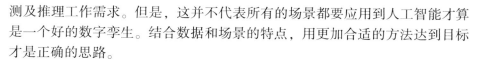

测及推理工作需求。但是，这并不代表所有的场景都要应用到人工智能才算是一个好的数字孪生。结合数据和场景的特点，用更加合适的方法达到目标才是正确的思路。

接下来分别讨论大数据技术和人工智能的技术内涵和特点。

1. 大数据的技术内涵和特点

在数字孪生系统中，数字孪生体会感知大量来自物理实体的实时数据，借助各类人工智能算法，数字孪生体可以训练出面向不同需求场景的模型，完成后续的诊断、预测及决策任务，甚至在物理机理不明确、输入数据不完善的情况下也能够实现对未来状态的预测，使得数字孪生体具备"通晓过去，预知未来"的能力。

数据处理和分析技术是大数据技术的核心，包括数据的清洗、转换、计算和分析等方面的技术。数据处理和分析技术的特点是高效、可扩展、分布式等。下面列举大数据的数据处理和分析技术的具体技术特点以及可以采用的解决方案。

1）数据清洗技术是指对大数据中存在的错误、不完整、重复、不一致等问题进行清理和修正的技术，包括数据预处理技术、数据挖掘技术等，以提高数据清洗的效率和准确性。已经有不少好用的工具，例如 OpenRefine、Trifacta 等。

2）数据转换技术是指对大数据进行格式转换、结构转换、数据集成等处理过程的技术，包括 ETL 技术、数据集成技术等。具体可以利用如 Apache Nifi、Talend 等工具，以对大数据进行高效和准确的转换和集成。

3）分布式计算技术是大数据计算的一个核心技术。它指将计算任务分解成多个子任务，分配给多台计算机进行并行处理的技术。分布式计算技术可以提高计算效率和可扩展性，适用于大规模数据处理和分析。应用时可以使用分布式计算框架，例如 Hadoop、Spark 等，以实现对大数据的高效处理和分析。

4）数据挖掘技术是指从大量数据中自动发现有用的信息和知识的技术。这也是大数据技术中的核心技术。数据挖掘技术可以通过识别数据中的模式、关联和异常等特征，为企业和组织提供更好的决策支持和业务价值。因此可以利用 RapidMiner、Weka、KNIME 等工具，以实现对大数据的高效挖掘和分析。

需要注意的是，在很多行业的物理实体的运行中，绝大多数运行状态属于正常运行情况，很少有故障发生。但是一旦故障，带来的后果却是非常严重的。这样的数据集合本身对大数据挖掘的训练是不足的。因此需要结合物理实体的运行物理机制，探索出其运行的数学模型。在这个基础上，再加上长时间的运行经验以及维修的历史数据，这样可以产生更加贴合实际运行情况的算法。同时这些算法可以在实体的运行中不断学习和优化，最终形成场景化定制的算法。

但是在大数据实际场景的应用中，难免会遇到种种的难题，集中表现在数据质量不高、数据集成不够，以及物理机制不清晰等几个方面。

1）数据质量：数字孪生需要大量的数据来进行模拟和仿真，但数据质量的问题可能会影响数字孪生系统的精度和效率。如何保证数据的质量和准确性是数字孪生面临的一个重要难点。可以利用一些方法来进行改善，如可以采用多种传感器和数据采集设备，同时对数据采集设备进行校准和测试，以确保数据的准确性和一致性。

数据清洗是保证数据质量的重要步骤。在进行数据清洗时，需要对数据进行去重、去噪、异常值处理等操作，以确保数据的一致性和准确性。同时，需要对数据进行格式化和标准化，以便于后续的数据分析和处理。

数据质量管理是保证数据质量的重要手段。在进行数据质量管理时，需要对数据进行监控、评估和改进，以确保数据的质量和准确性。同时，需要建立数据质量管理体系和流程，对数据进行分类、标准化和分类，以便于后续的数据分析和处理。

数据安全和隐私是保证数据质量的另一个重要方面。为了保证数据的安全和隐私，需要采用多种安全技术，如数据加密、访问控制、身份认证等，以确保数据的机密性和完整性。同时，需要遵守相关的法律法规和隐私政策，保护用户的隐私权和数据安全。

2）数据集成：数字孪生需要整合多个数据源，包括传感器数据、历史数据、图像数据、文本数据等，但这些数据可能来自不同的系统和平台，如何进行数据集成和管理是数字孪生面临的另一个难点。这里也有相应的应对方法。

数据集成技术是解决数据集成及管理难题的核心技术。数据集成技术包括 ETL（Extract-Transform-Load）、ESB（Enterprise Service Bus）、API（Application Programming Interface）等，可以将不同来源的数据整合到一起，形成统一的数据仓库或数据湖。同时，需要对数据进行分类、标准化和分类，以便于后续的数据分析和处理。

数据标准化是解决数据集成及管理难题的重要手段。通过对数据进行标准化，可以将不同来源的数据转换为统一的格式和结构，以便于后续的数据分析和处理。例如，可以采用 XML、JSON 等标准格式对数据进行描述和传输，以确保数据的一致性和可读性。

3）物理机制：由于绝大多数物理实体都是正常运行的，故障数据相对较少，难以提供足够的数据支持大数据挖掘的训练。物理实体的运行机制往往非常复杂，需要深入了解其物理机制才能建立准确的数学模型。可以从以下几个方面入手。

物理机制建模：通过深入了解物理实体的运行机制，从老化机制、能耗机制、分配机制等方向入手，将运行机制拆分成多个子项。分别研究子项机制，更容易获得相应的模型。然后将各个子项进行有机的结合，从而建立相对准确的数学模型。

试验数据及维修历史数据：利用物理实体的试验数据以及维修历史数据，对算法进行训练和优化，提高算法的精度和可靠性，并且不断去逼近正确的子项权重以及相互间影响因子。

实时数据训练：通过实际运行中采集到的物理实体数据，不断训练算法和模型，不断学习和优化，使算法能够适应不同的运行环境和情况，提高算法的适应性和灵活性。

场景化定制：根据不同的应用场景和需求，将算法的子项权重及相互影响因子进行调整，以提高场景中应用的算法的准确性和可靠性。

2. 人工智能的技术内涵和特点

人工智能旨在使计算机具备智能化的能力，能够模拟和执行人类类似的认知和决策过程。人工智能是一个涉及计算机、数学、控制学、神经学、经济学和语言学等学科的综合性交叉学科，不仅知识量大，而且难度高。目前为止，AI 领域已经取得了长足的发展，包括如下关键技术，如图 2-4 所示。

1）机器学习（Machine Learning）：机器学习通过让计算机从数据中学习和改进，使其具备自动化学习和推断能力。机器学习包括监督学习、无监督学习、半监督学习等不同的学习方法。

2）深度学习（Deep Learning）：深度学习是机器学习的一个分支，通过构建和训练深层神经网络来实现模式识别、特征提取和决策等任务。深度学习利用多层次的神经网络结构，可以自动地从数据中学习抽象特征，并进行高级的模式识别和分类。

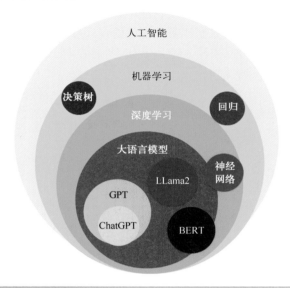

图 2-4 人工智能技术图谱

3）自然语言处理（Natural Language Processing）：自然语言处理是使计算机能够理解和处理人类语言的技术。它涵盖了文本分析、文本生成、机器翻译、情感分析等任务，使计算机能够与人类进行自然的语言交互。

4）计算机视觉（Computer Vision）：计算机视觉致力于让计算机能够理解和解释图像和视频数据。它涉及图像分类、目标检测、图像分割、人脸识别等任务，使计算机能够像人类一样感知和理解视觉信息。

5）强化学习（Reinforce Learning）：强化学习是一种通过智能体与环境的交互学习最佳行为策略的方法。智能体根据环境的奖励或惩罚信号，通过试错和学习来优化决策策略，从而实现目标的最大化。

6）大语言模型（Large Language Model）：大语言模型是一类拥有大量参数的自然语言处理模型，主要目的是理解和生成自然语言文本。这些模型利用深度学习技术，如 Transformer 架构，利用大规模文本数据进行预训练，并在特定任务上进行微调。大语言模型的一个典型例子是 GPT-3，其拥有1750 亿个参数。

在数字孪生系统中，人工智能主要提供强大的算法支持，帮助其进行数据分析、模式识别和决策制定，参见图 2-5。通过人工智能技术，可以对数字孪生系统中的大量数据进行分析和挖掘，发现其中的模式和规律，使数字孪生能够更加智能化、高效化和可靠化，为实际物理实体的优化和决策提供了有力支持。人工智能在数字孪生系统中的应用领域具体包括：

1）深度学习作为人工智能的一个分支，在数字孪生中发挥着重要作用。深度学习可以通过检测和分析传感器数据，及时检测系统中的故障和异常，提前采取措施防止事故发生。通过深度学习模型的训练和优化，可以实现对系统行为和趋势的准确预测，帮助优化资源分配和能源调度。此外，深度学习还可以支持能源交叉优化，最大限度地利用可再生能源，提高能源利用效率。

2）人工智能在数字孪生中的应用还包括机器学习、自然语言处理、计算机视觉、大语言模型等技术。机器学习可以通过对实时和历史数据的学习，模拟物理实体的模式并进行趋势预测、提供优化策略。自然语言处理技术可以用于理解和处理数字孪生系统中的文本信息，解析用户需求、处理文档和报告，以支持决策制定和交互式的信息查询。计算机视觉技术则可以应用于数字孪生系统中的图像和视频数据处理。通过图像分类、目标检测、图像分割等技术，计算机视觉可以实现对物理实体的虚拟建模、仿真和可视化。大语言模型有助于实现用户与数字孪生系统的智能对话和交互，也可以

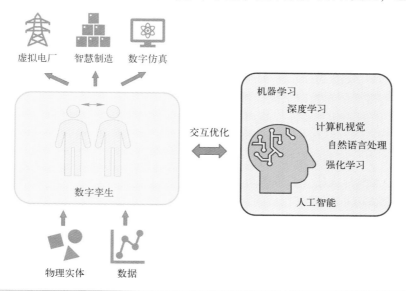

图 2-5　人工智能与数字孪生

与其他模型（如计算机视觉模型）结合，实现多模态数据的综合分析和预测。

3）人工智能还可以通过强化学习和优化算法等技术优化数字孪生的设计和操作。强化学习使智能体能够与数字孪生模型进行交互，通过尝试不同的决策策略和环境反馈，实现模型的智能决策和控制优化。优化算法能够通过搜索和优化方法，寻找最佳的数字孪生模型参数和操作策略，以提高系统性能和效率。

以电力系统为例，人工智能在数字孪生电力系统中的应用可以具体分解为如下几个步骤：

1）数据收集与准备。收集与电力系统相关的实时数据、历史数据和其他相关数据，如电力负荷数据、传感器数据、天气数据等。确保数据的质量、完整性和一致性，并进行必要的预处理和清洗，如剔除异常数据、缺失值填补和数据归一化等。

2）特征提取与选择。从收集到的数据中提取与电力系统特性和目标相关的特征。这些特征可以包括电力负荷的季节性、趋势、峰值等，以及天气数据的温度、湿度等。根据需求选择合适的特征子集，进行特征组合，以降低维度和提高模型效果。

3）模型设计与训练。选择适合电力系统的机器学习或深度学习模型，并进行模型的设计和架构定义。常用的模型包括支持向量机（Support Vector Machine，SVM）、神经网络（Neural Network，NN）和长短期记忆网络（Long Short-Term Memory，LSTM）等。使用训练数据对模型进行训练和优化，调整模型的参数以最大化性能。

4）模型评估与验证。使用验证集和测试集对训练好的模型进行评估和验证。评估模型的性能、准确度和泛化能力，检查模型是否满足预期的预测和优化需求。根据评估结果进行模型的调整和改进。

5）预测与优化。将训练好的模型应用于实际的数字孪生电力系统中，利用模型对实时数据进行负荷预测、电网运行状态评估等，以支持电力系统的优化和决策。根据模型输出进行负荷调整、资源调配等，以提高电力系统的效率和可靠性。

6）持续更新与迭代。电力系统是一个动态的系统，随时可能有新场景下的数据输入，这就需要不断更新和迭代模型，定期收集新数据，重新训练和验证模型，并进行持续的性能检测和优化。随着时间的推移，模型可以不断地适应和改进，以适应电力系统的变化和需求。

尽管人工智能技术在数字孪生系统中逐渐开始扩展出越来越多的应用，但在应用的过程中也逐步碰到更多的难点和挑战，比如：

1）数据获取和质量。数字孪生需要大量的实时数据来构建和更新模型。然而，实际数据可能存在数据不完整或噪声问题，数据获取可能受限。因此，确保数据的准确性、一致性和可靠性是一个挑战。可以使用数据清洗和预处理技术来处理数据的噪声、缺失和异常值，利用数据增强、合成和模拟技术来扩充数据集，弥补数据不足的问题。

2）复杂性和计算需求。数字孪生系统通常涉及复杂的物理实体和过程，需要建立精确的模型来进行仿真和优化。这些模型可能包含大量的变量、非线性关系和高维度的输入输出空间，需要庞大的计算资源和算法来处理和分析。可以利用预训练模型和迁移学习，减少模型建立和训练的时间和资源消耗。

3）实时性和时序性。数字孪生系统通常需要在实时或接近实时的环境中进行模拟和优化，这要求人工智能技术能够处理和分析大量的实时数据，并能够在短时间内生成准确的预测和决策。实时性要求对算法和系统的性能提出了挑战。可以利用分布式计算和加速硬件（如 GPU）来加快模型训练过程。

4）可解释性。数字孪生系统中的人工智能技术通常以黑盒模型的形式呈现，很难解释和理解模型的决策过程和内部机制。然而，在一些应用场景中，用户对模型的解释性有较高的要求。可以利用可解释的深度学习模型结构，如卷积神经网络中的可视化方法和注意力机制。此外，可以采用模型解释技术，如 LIME（Local Interpretable Model-agnostic Explanations）和 SHAP（SHapley Additive exPlanations），生成模型的解释。

5）模型迁移和泛化能力。数字孪生系统通常需要在不同的环境和场景中应用模型。实际环境变化时，数据分布也会随之发生偏移，模型在新环境中的性能会发生下降。可以采用迁移学习和领域自适应技术，在源域上训练模型，在目标域上进行微调，以适应新环境和数据分布的变化。

在特定的场景应用中，选择合适的人工智能算法和模型是至关重要的，因为它直接影响到数字孪生系统的精度和效率。以下是选择合适的人工智能算法和模型，并进行优化和调整的一些建议。

1）算法选择：在选择人工智能算法时，需要根据数字孪生系统的特点和需求，选择合适的算法。例如，对于监督学习问题，可以选择支持向量机、决策树、神经网络等算法；对于无监督学习问题，可以选择聚类、降维等算法；对于强化学习问题，可以选择 Q-learning、DQN 等算法。

2）模型选择：在选择人工智能模型时，需要根据数字孪生系统的特点和需求选择。例如，对于图像识别问题，可以选择卷积神经网络（CNN）等模型；对于文本分类问题，可以选择循环神经网络（Recurrent Neural Network，RNN）等模型；对于时间序列预测问题，可以选择长短时记忆网络（LSTM）等模型。

3）参数优化：在选择人工智能算法和模型后，需要对其进行参数优化，以提高数字孪生系统的精度和效率。参数优化可以采用网格搜索、随机搜索、贝叶斯优化等方法，寻找最优的参数组合。同时，需要对模型进行训练和验证，以评估模型的性能和精度。

4）模型调整：在模型训练和验证过程中，可能会发现模型存在欠拟合或过拟合等问题，需要进行模型调整。模型调整可以采用正则化、Dropout、集成学习等方法，调整模型的复杂度和泛化能力，以提高模型的性能和精度。

5）模型评估：在选择人工智能算法和模型后，需要对其进行评估，以评估其性能和精度。模型评估可以采用交叉验证、留出法、自助法等方法，评估模型的泛化能力和稳定性。同时，需要对模型进行可解释性分析，以理解模型的决策过程和逻辑。

在实际应用中，人工智能和大数据是两个相辅相成的技术，二者之间存在着密切的联系和互动。大数据是指海量、高速、多样化的数据，而人工智能是指计算机系统模拟人类智能的技术和方法。

1）数据是人工智能的基础：人工智能需要大量的数据作为基础，通过对数据的学习和分析，实现对问题的理解和解决。因此，大数据为人工智能提供了必要的数据基础。

2）人工智能可以处理大数据：人工智能技术可以处理和分析大数据，从而实现对数据的挖掘和分析，发现数据中的模式和关联性，提高数据的利用价值。

3）人工智能可以优化大数据处理：人工智能技术可以通过自动化和智能化的方式，优化大数据处理的效率和准确性，提高数据的处理和分析速度。

4）大数据可以提高人工智能的精度：大数据可以为人工智能提供更加全面和准确的数据基础，从而提高人工智能的精度和可靠性。

5）人工智能和大数据共同应用：人工智能和大数据可以共同应用于各个领域，尤其对于电力系统，可以实现对底层数据的挖掘和分析，提高设备的全寿命周期绩效、运维工作效率和系统运行决策水平。

综上所述，人工智能和大数据相互促进、相互支持，共同推动着数据科学和人工智能的发展。在未来，随着数据规模和复杂度的不断增加，人工智能和大数据的应用前景将更加广阔，为各个领域的发展带来更多的机遇和空间。

▶▶ 2.2.4 建模技术

建模是数字孪生体创建的核心技术，是计算层实现功能的具体计算技术之一。它是数字孪生体进行上层操作的基础。建模的目的是将物理实体的几何结构、运行机理、内外部接口、软件与控制算法等信息进行数字化建模，以实现对物理实体的仿真、监测、预测和优化等操作。

数字孪生建模技术包括以下几个方向。

1）几何建模：将物理实体的外形和结构进行三维建模，以实现对物理实体的可视化和空间定位。

2）物理建模：将物理实体的运行机理、内外部接口等信息进行建模，以实现对物理实体的仿真和优化。

3）软件建模：将物理实体的控制算法和软件进行建模，以实现对物理实体的控制和优化。

对于物理实体的几何建模以及软件建模相对容易一些，因为几何实体和结构是可测量的，软件算法和控制逻辑是可设计的。但是物理建模相对困难，因为物理实体的运行机理要相对复杂，影响因素较多。如果要重现一个故障运行实例，并分析其中的影响因素及运行机理会相对更困难。因此需要更深地了解实体的运行经验以及多物理场共同作用的机理，结合几何建模及软件建模才能达到较为精准的建模目标。

1. 几何建模

（1）技术内涵

几何建模主要应用于物体的形状和结构的建模，参考图 2-6，它主要涉及以下几个方面的技术。

1）数据获取和处理：数字孪生需要从物理实体中获取大量的数据，包括传感器数据、图像数据、视频数据等。这些数据需要进行处理和分析，以生成数字孪生模型。

2）几何建模：几何建模是数字孪生建模技术中的核心，主要涉及将物理实体的几何形状和结构以数字化的方式呈现出来。几何建模可以采用CAD软件、三维扫描仪等工具进行实现。

3）模型优化修正：数字孪生模型需要进行优化和修正，以保证其准确性和可靠性。模型优化修正需要考虑模型的复杂性、精度和可靠性等问题。

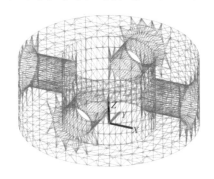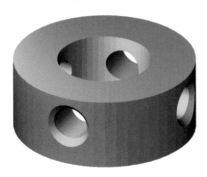

图 2-6　几何建模

（2）技术特点

直观性：几何建模可以将物理实体的几何形状和结构以数字化的方式呈现出来，具有直观性和可视化特点。

精度高：几何建模可以实现对物理实体的高精度数字化建模，可以精确地描述物理实体的几何形状和结构。

可复用性：几何建模可以实现对物理实体的数字化建模，可以实现数字孪生模型的可重复性和可复制性。

（3）技术难点

几何建模的实施中，可能会面临以下几个难点。

1）数据处理和分析：数字孪生需要从物理实体中获取大量的数据，这些数据需要进行处理和分析，以生成数字孪生模型。因此需要采用先进的数据处理和分析技术，包括机器学习、深度学习等技术，以提高数据的质量、准确性和可靠性。

2）模型复杂性：物理实体的几何形状和结构可能非常复杂，数字孪生模型的建模和优化需要采用先进的建模软件和算法，包括 CAD、3DS MAX、SOLIDWORKS 等软件，以提高模型的复杂性、精度和可靠性。

3）模型修正和优化：数字孪生模型需要进行修正和优化，以保证其准确性和可靠性。因此应该采用先进的优化算法和修正技术，包括拓扑优化、有限元分析等技术，以提高模型的准确性和可靠性。

2. 物理建模

（1）技术内涵

物理建模主要应用于物体的物理行为和性能的建模，参考图 2-7，它主要涉及以下几个方面的技术。

1）数据获取和处理：数字孪生物理建模需要从物理实体中获取大量的数据，包括传感器数据、图像数据、视频数据等，以获取物理实体的形状、材料、力学特性、运动状态等信息。这些数据需要进行数据清洗、转换、分析验证等处理，以生成数字孪生模型。

2）物理建模：物理建模是数字孪生建模技术中的核心，主要涉及将物理实体的物理特性和行为以数字化的方式呈现出来。物理建模可以采用有限元分析、多体动力学模拟等工具进行实现。

3）模型优化和修正：数字孪生模型需要进行优化和修正，以保证其准确性和可靠性。模型优化和修正需要考虑模型的复杂性、精度和可靠性等问题。

图 2-7　物理建模

（2）技术特点

精度高：物理建模可以实现对物理实体高精度数字化建模，可以精确地描述物理实体的物理特性和行为。

可复用性：物理建模可以实现对物理实体的材质、特性等数字化建模，可以实现数字孪生模型的可重复性和可复制性。

可仿真性：物理建模可以实现对物理实体的仿真模拟，可以预测物理实体的行为和性能。

（3）技术难点

物理建模是一种复杂的技术领域，在应用中碰到的技术难点主要包括以下几个方面。

1）复杂的物理特性：物理建模需要考虑到物体的形状、材料、力学特性等多个方面，这些特性通常是非线性的、非均匀的、复杂的，因此需要采用一些先进的数值分析技术进行建模和计算。例如有限元分析、计算流体力学等技术，可以对物体的力学特性进行分析和计算，提高模型的准确性和可靠性。

2）数据获取和处理：物理建模需要从物理实体中获取大量的数据，并对数据进行处理和分析，以生成数字模型。数据获取和处理是物理建模中的关键环节，但是由于数据的复杂性和多样性，数据处理过程中往往会出现一些问题，例如数据缺失、数据噪声等。可以采用先进的数据获取和处理技术，例如3D扫描技术、机器学习技术等，提高数据处理的效率和准确性，同时也需要对数据进行验证和校验，保证数据的准确性和可靠性。

3）模型修正和优化：物理建模中的模型通常是基于一些假设和简化条件进行建立的，因此需要对模型进行修正和优化，以提高模型的准确性和可靠性。但是模型修正和优化过程中往往会出现一些问题，例如模型复杂度过高、计算量过大等。因此应该采用一些先进的模型修正和优化技术，例如拓扑优化、有限元分析等技术，提高模型的准确性和可靠性，同时也需要对模型进行简化和优化，以减少计算量和降低复杂度。

4）系统集成和优化：物理建模需要将多个子系统集成起来，以实现对物体的全面建模和仿真。但是子系统之间的耦合关系往往比较复杂，系统集成和优化过程中往往会出现一些问题，例如系统性能不稳定、系统响应时间过长等。可以采用先进的系统集成和优化技术，例如模型预测控制、强化学习等技术，提高系统的性能和稳定性，同时也需要对系统进行优化和调试，

以减少响应时间和提高系统的可靠性。

3. 软件建模

（1）技术内涵

软件建模是将物理实体的控制算法和软件进行建模，以实现对物理实体的控制和优化，主要涉及的技术有以下几个方面。

1）数据获取和处理：数字孪生需要从物理实体的控制系统中获取大量的数据，包括控制算法、软件代码、配置文件、日志等。这些数据需要进行处理和分析，以生成数字孪生模型。

2）软件建模：软件建模是数字孪生建模技术中的核心，主要涉及将物理实体的控制算法和软件以数字化的方式呈现出来。软件建模可以采用UML、SysML、Petri 网等工具进行实现。

3）控制算法建模：控制算法建模是软件建模的重要组成部分，主要涉及将物理实体的控制算法以数字化的方式呈现出来。控制算法建模可以采用MATLAB、Simulink 等工具进行实现。

4）模型优化和修正：数字孪生模型需要进行优化和修正，以保证其准确性和可靠性。模型优化和修正需要考虑模型的复杂性、精度和可靠性等问题。

（2）技术特点

精度高：软件建模可以实现对物理实体的控制算法和软件的高精度数字化建模，可以精确地描述物理实体的控制和优化过程。

可复用性：软件建模可以实现对物理实体的控制算法和软件的数字化建模，可以实现数字孪生模型的可重复性和可复制性。

可仿真性：软件建模可以实现对物理实体的控制算法和软件的仿真模拟，可以预测物理实体的控制和优化过程。

（3）技术难点

软件建模是一种复杂的技术领域，其技术难点主要包括以下几个方面。

1）软件系统的复杂性：软件系统通常由多个模块和组件组成，这些模块和组件之间的耦合关系往往比较复杂，同时软件系统的行为和性能也受到多个因素的影响，例如用户输入、外部环境等。因此需要采用先进的软件建模技术，例如 UML、SysML 等建模语言，可以对软件系统的结构和行为进行建模和分析。同时也需要采用先进的软件设计和开发方法，例如面向对象设计、敏捷开发等方法，以提高软件系统的可维护性和可扩展性。

2）软件系统的安全性：软件系统往往涉及用户的隐私和机密信息，因此需要采取一些措施保障软件系统的安全性，例如身份验证、数据加密等。同时需要采用先进的软件安全技术，例如加密算法、数字签名等技术，可以提高软件系统的安全性，也需要对软件系统进行安全测试和漏洞扫描，及时发现和修复安全漏洞。

3）软件系统的性能优化：软件系统的性能对用户体验和系统稳定性有着重要的影响，因此需要对软件系统的性能进行优化，以提高系统的响应速度和稳定性。同时需要采用先进的软件性能优化技术，例如代码优化、缓存技术等，可以提高软件系统的性能，也需要对软件系统进行性能测试和负载测试，以评估系统的性能和稳定性。

4）软件系统的可靠性：软件系统的可靠性对用户体验和系统稳定性有着重要的影响，因此需要对软件系统的可靠性进行保障，以提高系统的稳定性和可用性。还可以采用先进的软件测试技术，例如自动化测试、冒烟测试等，发现和修复软件系统中的缺陷和错误，同时也需要对软件系统进行质量保证和版本控制，以保证软件系统的可靠性和稳定性。

数字孪生建模具有较强的专用特性，即不同物理实体的数字孪生模型千差万别。因此，数字孪生建模需要根据不同的物理实体和应用场景进行定制化设计和开发。

4. 数字孪生建模的应用

1）工业制造：数字孪生建模可以用于制造过程的仿真和优化，以提高生产效率和产品质量。

2）建筑设计：数字孪生建模可以用于建筑信息模型（BIM）的建模，以实现建筑设计的可视化和优化。

3）能源管理：数字孪生建模可以用于电力系统的仿真和优化，以实现能源的高效利用和减少碳排放。

4）医疗保健：数字孪生建模可以用于医疗设备的仿真和优化，以提高医疗诊断和治疗的效果。

目前，数字孪生建模主要借助 CAD、MATLAB、Revit、CATIA 等软件实现。其中，CAD 和 MATLAB 主要面向基础建模，Revit 主要面向建筑信息模型（BIM）建模，CATIA 则是面向更高层次的产品生命周期管理（Product Lifecycle Management，PLM）。

数字孪生建模是数字孪生体创建的核心技术，可以实现对物理实体的全数字化建模和仿真，为各行各业的应用提供了强大的支持。

2.2.5 仿真技术

仿真起源于工业领域，近年来，随着工业 4.0 和智能制造等新一轮工业革命的兴起，仿真软件开始与传统制造技术及各类新兴技术结合，在研发设计、生产制造、试验运维等各环节发挥了重要的作用。

1. 技术内涵

仿真是计算层中进行数字孪生模型验证的关键方法，可以用于模拟物理实体在不同环境下的运行情况，例如电磁场分析、应力分析、温度分布等场合。在建模正确且感知数据完整的前提下，仿真可以基本正确地反映物理实体一定时段内的状态。仿真技术主要包括以下几个方面。

1）模型建立：建立数字孪生模型，即将物理实体的几何结构、运行机理、内外部接口、软件与控制算法等信息进行全数字化建模。

2）边界条件设置：设置仿真模型的边界条件，即对物理实体的操作环境、外部干扰、内部故障等进行模拟。

3）数值计算：将物理实体的运行机理转化为数学模型，并进行数值计算，以模拟物理实体的运行过程。

4）结果分析：对仿真结果进行分析和评估，验证数字孪生模型的正确性和有效性。

2. 应用范围

仿真的应用范围非常广泛，比如电磁场、结构力学、热力、流体力学、老化等领域。

（1）电磁场仿真

电力系统中的变压器、电缆等设备会产生电磁场，仿真可以用于分析电磁场的强度和分布，以评估设备的电磁兼容性和电磁干扰，如图 2-8 所示。电磁场仿真需要采用先进的数值分析技术，例如有限元分析、边界元分析等技术。常用的电磁场仿真工具和软件包括以下几种。

1）ANSYS Maxwell：一款商业化的电磁场仿真软件，支持静态和动态电磁场仿真。

2）CST Studio Suite：一款商业化的电磁场仿真软件，支持电磁场、热场、机械结构等多种仿真。

3）COMSOL Multiphysics：一款商业化的多物理场仿真软件，支持电磁场、热场、机械结构等多种仿真。

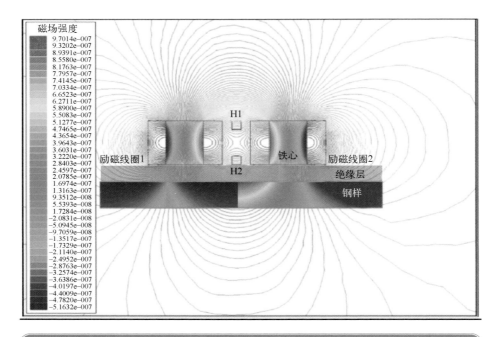

磁场强度
9.7014e−007
9.3202e−007
8.9391e−007
8.5580e−007
8.1763e−007
7.7957e−007
7.4145e−007
7.0334e−007
6.6523e−007
6.2711e−007
5.8900e−007
5.5083e−007
5.1277e−007
4.7465e−007
4.3654e−007
3.9643e−007
3.6031e−007
3.2220e−007
2.8403e−007
2.4597e−007
2.0785e−007
1.6974e−007
1.3163e−007
9.3512e−008
5.5393e−008
1.7284e−008
−2.0831e−008
−5.0945e−008
−9.7059e−008
−1.3517e−007
−1.7329e−007
−2.1140e−007
−2.4952e−007
−2.8763e−007
−3.2574e−007
−3.6386e−007
−4.0197e−007
−4.4009e−007
−4.7820e−007
−5.1632e−007

H1
励磁线圈1
铁心
励磁线圈2
H2
绝缘层
钢样

图 2-8　电磁场仿真

（2）结构力学仿真

在机械制造和航空航天领域，仿真可以用于分析零件的应力和变形，以评估零件的强度和可靠性，如图 2-9 所示。机械结构应力仿真需要采用先进的数值分析技术，例如有限元分析、多体动力学等技术。常用的机械结构应力仿真工具和软件包括以下几种。

1）ANSYS Mechanical：一款商业化的有限元分析仿真软件，支持机械结构应力仿真、热仿真等多种仿真。

2）Abaqus：一款商业化的有限元分析仿真软件，支持机械结构应力仿真、热仿真等多种仿真。

3）MSC Adams：一款商业化的多体动力学仿真软件，支持机械结构应力仿真、机械运动仿真等多种仿真。

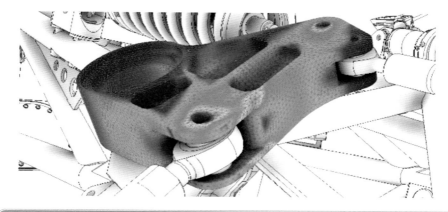

图 2-9　结构力学仿真

（3）热力仿真

在电子设备、电力设备、汽车发动机等领域，仿真可以用于分析温度分布和热传导，以评估设备的散热能力和温度控制能力，如图 2-10 所示。热力仿真需要采用先进的数值分析技术，例如有限元分析、计算流体力学等技术。可供选用的热力仿真工具和软件包括以下几种。

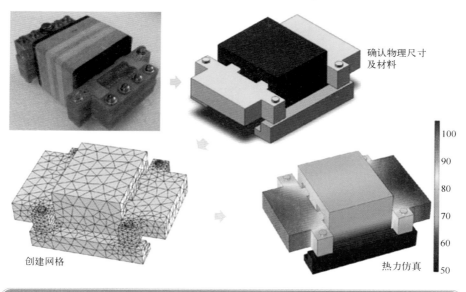

图 2-10　热力仿真

1）ANSYS Fluent：一款商业化的计算流体力学仿真软件，支持热传递、热分布等多种仿真。

2）Abaqus：一款商业化的有限元分析仿真软件，支持热传递、热分布等多种仿真。

3）COMSOL Multiphysics：一款商业化的多物理场仿真软件，支持电磁场、热场、机械结构等多种仿真。

（4）流体力学仿真

在船舶、飞行器等领域，仿真可以用于分析流体的流动和压力分布，以评估设备的水动力性能和空气动力性能，如图 2-11 所示。流体力学仿真需要采用多种技术和算法，以对流体的运动、热传递、质量传递等进行仿真和分析。常用的流体力学仿真工具和软件包括以下几种。

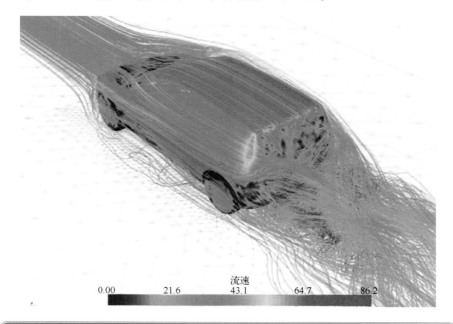

流速				
0.00	21.6	43.1	64.7	86.2

图 2-11　流体力学仿真

1）ANSYS Fluent：一款商业化的计算流体力学仿真软件，支持流体力学仿真、热传递仿真等多种仿真。

2）OpenFOAM：一款开源的计算流体力学仿真软件，支持流体力学仿真、热传递仿真等多种仿真。

3）COMSOL Multiphysics：一款商业化的多物理场仿真软件，支持流体力学仿真、热传递仿真等多种仿真。

4）STAR-CCM+：一款商业化的计算流体力学仿真软件，支持流体力学仿真、热传递仿真等多种仿真。

（5）老化仿真

在各种物理实体的运行中，都有老化的过程，如图 2-12 所示。如何监测和预测老化的过程是非常重要且困难的部分。老化的仿真需要大量的数据支撑以及物理机制基础，配合先进的数值分析技术，例如有限元分析、生命预测技术等技术。现在常用的老化仿真工具和软件包括以下几种。

1）ANSYS Mechanical：一款商业化的有限元分析仿真软件，支持老化仿真、疲劳分析等多种仿真。

2）nCode DesignLife：一款商业化的生命预测仿真软件，支持老化仿真、疲劳分析等多种仿真。

3）MSC Fatigue：一款商业化的疲劳分析仿真软件，支持老化仿真、疲劳分析等多种仿真。

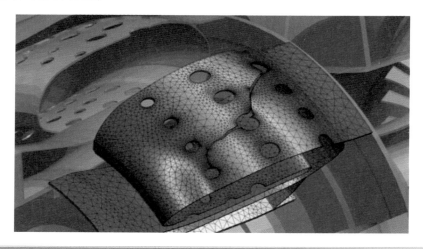

图 2-12　老化仿真

仿真是数字孪生模型验证的关键方法。仿真和建模是一对伴生体，如果说建模是对物理实体理解的模型化，那仿真就是验证和确认这种理解的正确性和有效性的工具。仿真是将具备确定性规律和完整机理的模型以软件的方式来模拟物理实体的一种技术。在建模正确且感知数据完整的前提下，仿真可以基本正确地反映物理实体一定时段内的状态。

▶▶ 2.2.6 可视化技术

在常见的数字孪生系统中，数据可由传感器或者模拟计算生成。这些生成的数据在经过处理后，需要有效的载体（数字表示）做展示，用户或者决策者才能有效地理解物理系统的状态，并做出合理的判断。可视化技术是数字孪生的核心展示形式，可以帮助用户更好地理解物理系统的状态和运行情况，提高决策效率和准确性。

虚拟现实（Virtual Reality，VR）、增强现实（Augmented Reality，AR）、混合现实（Mixed Reality，MR）等先进可视化技术使数字空间的交互更贴近物理实体。VR 将构建的三维模型与各种输出设备结合，模拟出能够使用户体验脱离现实世界并可以交互的虚拟空间。AR 是 VR 的发展，其将虚拟世界内容与现实世界叠加在一起，使用户体验到的不仅是虚拟空间，而且实现超越现实的感官体验。MR 在 AR 的基础上搭建了用户与虚拟世界及现实世界的交互渠道，进一步增强了用户的沉浸感。

1. VR、AR 与 MR 技术

VR（参见图 2-13）是一种通过计算机生成的虚拟环境，让用户感觉自己置身其中的技术。VR 技术需要采用一些先进的技术，例如头戴式显示器、手柄控制器、全景摄像头等，以提高用户的沉浸感和交互体验。VR 技术的应用包括游戏、教育、医疗、建筑等多个领域。

图 2-13 VR

AR（参见图 2-14）是一种通过计算机生成的虚拟信息，将其叠加在现实世界中，让用户感觉虚拟信息和现实世界融为一体的技术。AR 技术需要采用一些先进的技术，例如手机、平板电脑、AR 眼镜等，以提高用户的交互体验和便捷性。AR 技术的应用包括游戏、广告、教育、医疗、工业等多个领域。

图 2-14　AR

MR（参见图 2-15）是一种将虚拟信息与现实信息进行融合，让用户感觉虚拟信息和现实信息相互作用的技术。MR 技术需要采用一些先进的技术，例如头戴式显示器、手柄控制器、深度摄像头等，以提高用户的沉浸感和交互体验。MR 技术的应用包括游戏、教育、医疗、工业等多个领域。

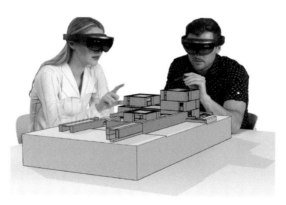

图 2-15　MR

在 VR、AR、MR 技术的支撑下，用户与数字孪生体的交互开始类似与物理实体的交互，而不再仅限于传统的屏幕呈现，使得数字化的世界在感官和操作体验上更接近现实世界，根据数字孪生体制定的针对物理实体的决策将更加准确、更贴近现实。

2. 应用难点

VR、AR、MR 技术在应用中面临的难题有：

1）虚拟世界和现实世界的交互性不足，用户体验不佳。因此采用交互式设计和用户体验设计，提高用户体验和交互性。同时，可以采用多种传感器和设备，如手柄、头盔、手套等，增强用户的交互性和沉浸感。

2）VR 设备的成本较高，限制了其普及和应用范围。现在各个供应商都在积极采用优化设计和制造工艺，降低成本和提高效益。同时，可以采用云计算和分布式计算技术，将计算和存储资源集中管理，提高系统的效率和可靠性。

3）AR 技术的精度和稳定性不足，影响用户体验和应用效果。采用多种传感器和设备，如摄像头、陀螺仪、加速度计等，提高 AR 技术的精度和稳定性。同时，可以采用 SLAM 技术，实现场景的实时建模和跟踪，提高 AR 技术的效率和稳定性。

4）技术的应用场景和场景感知能力有限，难以满足复杂应用需求。可以采用深度学习和计算机视觉技术，提高 AR 技术的场景感知能力和应用场景。同时，可以采用多种传感器和设备，如激光雷达、红外传感器等，增强 AR 技术的应用场景和感知能力。

5）MR 技术的虚实融合效果欠佳，影响用户体验和应用效果。可以采用多种传感器和设备，如摄像头、陀螺仪、加速度计等，提高 MR 技术的精度和稳定性。同时，可以采用 SLAM 技术和深度学习技术，实现场景的实时建模和跟踪，提高 MR 技术的效率和稳定性。

6）MR 技术的应用范围和场景有限，难以满足复杂应用需求。可以采用多种传感器和设备，如激光雷达、红外传感器等，增强 MR 技术的应用场景和感知能力。同时，可以采用云计算和分布式计算技术，将计算和存储资源集中管理，提高系统的效率和可靠性。

3. 应用前景

VR、AR、MR 技术在数字孪生中的应用前景非常广阔。例如，可以利用 VR 技术实现数字孪生模型的可视化和交互式设计，提高数字孪生模型的效率和精度；可以利用 AR 技术实现数字孪生模型的实时感知和交互式操作，提高数字孪生模型的实时性和可操作性；可以利用 MR 技术实现数字孪生模型的虚实融合和场景模拟。

1）工业制造领域：利用 VR 技术实现数字孪生模型的可视化和交互式设计，提高制造过程的效率和精度。例如，可以利用 VR 技术设计优化生产线布局，提高生产线效率和质量。同时，可以利用 AR 技术实现数字孪生模型的实时感知和交互式操作，提高生产过程的实时性和可操作性。例如，可以利用 AR 技术实现设备维护和保养，减少停机时间和降低维修成本。

2）建筑设计领域：利用 VR 技术实现数字孪生模型的可视化和交互式设计，提高建筑设计的效率和质量。例如，可以利用 VR 技术设计和优化建筑布局和结构，提高建筑的安全性和可持续性。同时，可以利用 AR 技术实现数字孪生模型的实时感知和交互式操作，例如，实时检查建筑结构的状态和维护情况，提高建筑的可靠性和安全性。

3）医疗领域：利用 VR 技术实现数字孪生模型的可视化和交互式设计，提高医疗诊断和治疗的效率和精度。例如，可以利用 VR 技术设计和优化手术方案，提高手术的成功率和安全性。同时，可以利用 AR 技术实现数字孪生模型的实时感知和交互式操作，例如，实时检查患者的身体状态和治疗效果，提高医疗的实时性和可操作性。

4）教育领域：利用 VR 技术实现数字孪生模型的可视化和交互式设计，提高教育教学的效率和质量。例如，可以利用 VR 技术设计和优化教学内容和场景，提高学生的学习兴趣和效果。同时，可以利用 AR 技术实现数字孪生模型的实时感知和交互式操作，例如，实时检查学生的学习情况和反馈，提高教学的实时性和可操作性。

VR、AR、MR 技术在数字孪生中的应用前景非常广泛，可以应用于工业制造、建筑设计、医疗、教育等领域，帮助提高效率、质量和可靠性。其优势包括可视化、交互式设计、实时感知和操作等方面，能够提高数字孪生模型的精度、实时性和可操作性。

2.3 电力系统数字孪生关键应用技术

在电力行业中，数字化转型也是正在各个方面不断探索，不断深化。其中数字孪生是关键的集大成者。如何让数字孪生在电力行业也能落地生根，其关键技术在电力行业的场景中如何应用，甚或针对电力行业有哪些专门的关键技术的应用，是其中的支撑与保障。

电力系统是一个非常复杂的系统。其复杂性主要体现在以下几个方面：

1）电力系统由多个发电、输电、变电、配电和用电等环节组成，这些环节之间存在着复杂的相互关系和影响。

2）电力系统运行受到自然环境和社会环境的影响，如气象变化、用电负荷波动等。

3）电力系统的运行需要考虑经济性、可靠性、安全性和灵活性等多个因素。

为了应对这些复杂性，数字孪生技术在电力系统的应用将会是非常好的契机。通过模拟和仿真电力系统的实际运行状态和数据，数字孪生可以帮助电力系统运营者更好地理解和掌握电力系统的运行情况，提高电力系统的可靠性、安全性和灵活性。数字孪生技术可以支持电力系统的智能化控制和调度，实现电力系统的自动化和智能化，提高电力系统的运行效率和经济性。此外，数字孪生技术还可以帮助电力系统运营者更好地预测和应对潜在的问题和故障，保障电力系统的安全稳定运行。

为达到以上目标，这里同样要从感知层、数据层、计算层、功能层和应用层分别进行拆解和分析，定义适合电力系统的数字孪生体系架构。

对于电力系统的物理实体，需要观测的目标对象分布在系统的每个环节。因此应该考虑发电侧、输变电侧、配电侧以及消费侧的关键对象、关键指标以及关键影响因素。例如，电力设备在运行中主要的老化机理和主要故障的机制是什么？怎样针对性地对老化及故障的发生机制进行观测？选择什么样的感知装置是合理的？感知装置加装是否会影响设备本身的绝缘、发热、机械强度等？长距离输电线路，又需要用什么样的感知装置来采集必需的数据？

在数据层，需要考虑现场的通信网络是否满足数据处理能力要求？应该采取哪种通信方式既能满足要求，又有性价比？通信链路中，如何保障数据和网络的安全性？

在计算层，针对系统、设备和线路的特征，首先需要对每个特征都创建针对性的建模、诊断和预测算法以及仿真，然后考虑相互之间的影响，最后得到一个统一的数字孪生体，并用大数据和 AI 算法逐步完善。在功能层和应用层，仍然是需要针对电力系统的特点，定义适合电力系统特点和应用场景的功能及应用。

因此可以提出一个针对电力系统的数字孪生体系架构，如图 2-16 所示。

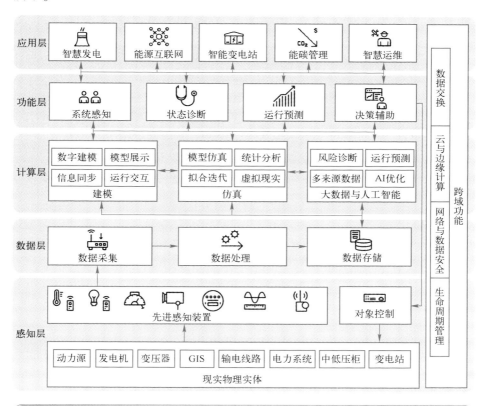

图 2-16　电力系统数字孪生体系架构

而针对新型电力系统而言，更多聚焦在新能源发电、绿电消纳、储能、系统调峰等新的领域。因此也可以针对性地提出一个新型电力系统的数字孪生体系架构，如图 2-17 所示。

以下需要针对体系架构中针对电力系统有特殊应用特点的技术进行展开说明及分析。分别从感知技术、数据相关技术、建模技术、可视化技术以及数据及网络安全技术几个方面进行说明。

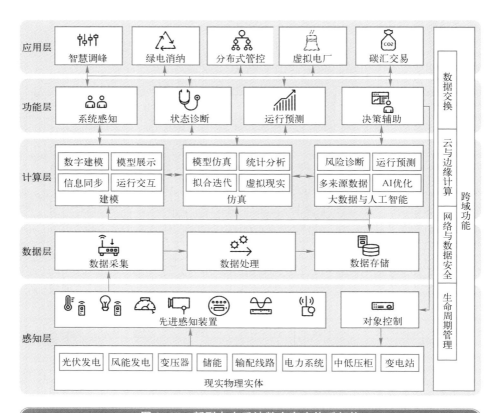

图 2-17 新型电力系统数字孪生体系架构

▶▶ 2.3.1 电力系统及其运行环境的感知技术

电力系统是一个庞大而复杂的系统，其中有设备、线路、软件、环境等有机组成部分。因此需要从不同的方向和原理来对电力系统的物理实体、运行、环境等状态进行感知，并结合实际应用环境和需求，取得性能和成本的平衡，才能够获得全面的数据，并随之进行处理、分析、计算和应用。

以下分别说明电力系统中物理实体、运行状态、环境状态的感知技术并且用实例来说明感知技术的具体应用场景。

1. 物理实体数据

电力系统中的物理实体有可动设备、不可动设备、线路等。为了能够准确获得它们的特性和数据，因此需要从多个方面进行感知，包括外观、流体流量及压力、化学成分、距离、位置、磁性、声学特性等方面。

（1）外观

对象的外观是指其视觉特性，如颜色、纹理和形状。这些特性可以使用光学传感器进行测量，例如 RGB 摄像机、高光谱相机和偏振相机。

1）RGB 摄像机捕捉物理对象或系统的彩色图像。它们通过使用透镜将光聚焦到传感器上，传感器将光转换为电信号，然后对电信号进行处理以创建图像。可以对对象的外形、速度、变化等信息进行采集以及跟踪。利用先进的图像识别及视频识别算法，可以对对象的动作过程进行捕捉及判断。例如，在中压开关设备内合适的位置加装摄像头，可以捕捉断路器的运动过程，利用专门的视频识别算法，可以判断断路器底盘及阀门的到位情况。结合电动底盘电机驱动电流信号，可以诊断触头插接状态、行程是否有卡涩情况等。

2）高光谱相机是一种能够获取物体在不同波长下的光谱信息的成像设备，具有光谱分辨率高、空间分辨率高、多波段信息融合和应用广泛等特点。高光谱相机可以将不同波段的光谱信息进行融合，从而得到更加全面和准确的物体信息。其工作原理基于光的分光特性，需要进行较为复杂的光谱校准和数据处理，以保证成像结果的准确性和可靠性。可以更精确地实现对对象的分析及跟踪。例如高光谱相机可以用于电力线路的巡查，或高压部件的长期老化跟踪等。

3）偏振相机通过偏振片将光分成不同偏振状态的光，然后通过光学元件进行采集和处理，最终得到物体在不同偏振状态下的图像信息。偏振相机可以通过分析物体在不同偏振状态下的图像信息，检测物体的性质和结构，如检测材料的应力状态、纤维方向等。在采集过程中，偏振相机需要进行较为复杂的偏振校准和数据处理，以保证成像结果的准确性和可靠性。可实现对对象的应力和成分等信息的采集及跟踪。例如，可以通过对电力设备和塔杆表面的偏振状态进行分析，检测表面的缺陷、裂纹、磨损等情况，从而及早发现和解决潜在的安全隐患。

（2）流量及压力

物体的流量是指单位时间内流过的流体体积，压力是每单位面积由流体施加在其表面上的力。这些数据可以使用流量传感器和压力传感器进行测量。

1）流量传感器用于测量流体或气体的流速。它们通过感测通过传感器的流体或气体的速度或体积来工作。在电力系统中的应用举例：流量传感器可以通过对发电机冷却水流量的监测，及时发现冷却系统中的异常情况，避免因冷却不足导致的设备故障和损坏。流量传感器有不同的类型，例如：

① 涡轮流量传感器。这种传感器使用带叶片或杯状物的转子来测量流体或气体的速度，并产生与流速成比例的输出电压或电流。

② 超声波流量传感器。这种传感器使用超声波测量流体或气体的速度，并产生与流速成比例的输出电压或电流。

③ 热流传感器。利用加热元件或热敏电阻的温度随流体或气体流量的变化来测量流速，并产生与流速成比例的输出电压或电流。

2）压力传感器用于测量流体或气体的压力。它们通过感测元件在流体或气体压力下的变形或位移来工作。在电力系统中压力传感器的应用非常广泛，例如，高压气体绝缘开关设备（Gas Insulated Switchgear，GIS）中的绝缘气体的气压监测都应用了以下不同类型的压力传感器：

① 应变仪传感器。这种传感器利用变形后金属箔或金属丝的电阻变化来测量压力，并产生与压力成比例的输出电压或电流。

② 电容式传感器。这种传感器利用电容器的电容变化和变形来测量压力，并产生与压力成比例的输出电压或电流。

③ 压电传感器。这种传感器利用晶体变形时电荷或电压的变化来测量压力，并产生与压力成比例的输出电压或电流。

（3）化学成分

化学成分是指物体中存在的化学元素和化合物的类型和数量。这种数据可以使用化学传感器来测量，如气体传感器、pH 传感器和离子传感器。

1）气体传感器测量气体成分的原理主要有化学传感、吸附传感、光学传感等。其中，化学传感是利用气体与传感材料之间的化学反应，将气体成分转化为电信号进行测量；吸附传感是利用气体与传感材料之间的吸附作用，将气体成分吸附在传感材料上进行测量；光学传感是利用气体对光的吸收和散射特性，将气体成分转化为光信号进行测量。在高压 GIS 中进行气体成分分析，可以进行绝缘老化趋势及熄弧能力的评估。

2）pH 传感器测量酸碱度的原理是利用溶液中氢离子（H^+）和氢氧根离子（OH^-）的浓度比例，通过电极测量电位差来计算 pH 值。具体来说，pH 传感器包括玻璃电极和参比电极两部分。玻璃电极中含有一种具有选择性的玻璃膜，当电极浸入溶液中时，玻璃膜与溶液中的氢离子反应，产生电位差。参比电极则是一个稳定的电极，用于校准和稳定电位差。

3）离子传感器的工作原理主要有电化学传感、光学传感等。其中，电化学传感是利用离子与电极之间的电化学反应，将离子浓度转化为电信号进行测量；光学传感是利用离子对光的吸收和散射特性，将离子浓度转化为光信号进行测量。离子传感器具有高精度、高灵敏度、快速响应和应用广泛等特点，可以根据不同应用场合的要求进行选择。

4）油色谱传感器是一种能够检测和分析油品中化学成分的传感器。它利用油品在一定温度下的蒸发和分离，将化学成分分离出来，并通过色谱柱和检测器进行分析和检测。油色谱传感器广泛应用于石油化工、环保、食品安全等领域，在高压变压器的绝缘油分析和数据采集中也有着不可替代的应用。油色谱传感器可以检测油品中的微量化合物，具有很高的灵敏度和分辨率，满足高精度、高灵敏度的检测需求。油色谱传感器结构简单、操作方便，易于维护和保养，降低了运行成本。

（4）距离

一个物体的距离是指它与另一个物体或参考点的距离。这种数据可以使用距离传感器进行测量，例如超声波距离传感器、激光雷达和深度相机。

1）超声波距离传感器的工作原理是利用超声波在空气中的传播速度和反射特性，通过发射和接收超声波来计算物体与传感器之间的距离，具有高精度、非接触式、应用广泛和可靠性高等特点。它可以进行开关变位监测等工作。

2）激光雷达（光探测和测距）是一种遥感技术，使用激光测量距离并创建物理物体或系统的 3D 地图。它通过发射激光束并测量光束从物体或系统反弹所需的时间来工作，可以进行高压线路和塔杆的自动巡查工作。

3）深度相机捕捉物理对象或系统的图像，并测量图像中每个像素的深度。它们通过使用红外和 RGB 传感器的组合来捕捉图像并测量深度。

（5）位置

对象的位置是指其在空间中相对于参考点的位置。这种数据可以使用位置传感器来测量，例如 GPS、磁性传感器和惯性传感器。

1）GPS（Global Positioning System）是一种基于卫星导航的定位系统，可以通过接收卫星信号来确定接收器的位置、速度和时间等信息。GPS 传感器接收卫星发射的信号，通过计算接收到信号的时间差和卫星位置等信息，来确定接收器的位置和速度等参数。国内主要采用"北斗卫星导航系统"。在高压线路和塔杆的自动巡查中 GPS 是不可或缺的支撑。

2）磁性传感器包括磁场发生器和磁场传感器两部分。磁场发生器产生一个磁场，磁场传感器检测物体对磁场的影响，通过检测磁场的强度、方向和变化等参数，来确定物体的位置。磁性传感器的工作原理有多种，包括霍尔效应、磁电阻效应、磁感应线圈等。其中，霍尔效应是一种常用的磁性传感器原理，其利用磁场对电荷运动的影响，通过检测磁场对半导体材料中载流子的偏转来确定物体的位置，具有非接触式、高精度、应用广泛和可靠性高等特点。电磁感应位移传感器技术在电力系统中的应用主要包括发电机转子位移测量、变压器位移测量、输电线路振动测量等。通过对电力设备位移等参数的测量，可以实现对设备的监测和维护，提高设备的可靠性和安全性。

3）惯性传感器是一种基于牛顿第二定律的传感器，可以测量物体的加速度、角速度和角位移等参数，主要包括加速度计和陀螺仪。加速度计利用物体的质量和运动状态来测量物体的加速度，其原理基于牛顿第二定律：$F=ma$。加速度计测量物体的加速度，通过积分计算得到物体的速度和位置。陀螺仪利用物体的转动状态来测量物体的角速度和角位移，其原理基于角动量守恒定律。陀螺仪通过测量物体的角速度，采用积分计算得到物体的角位移。因此惯性传感器可以很精确地获知设备的姿态、速度等信息，是 GPS 很好的补充。

（6）磁性

物体的磁性是指其吸引或排斥其他磁性材料的能力。这种特性可以使用磁性传感器来测量，磁性传感器用于测量物体或系统的磁场强度和方向。它们通过感应磁场或物体或系统的磁性来工作，有不同类型的磁传感器，例如霍尔效应传感器、磁力计和磁性编码器。

1）霍尔效应传感器：这种传感器检测磁场并产生与磁场强度和方向成比例的输出电压，在直流电流的测量上已经有广泛的应用。

2）磁力计：这种传感器使用磁性传感器测量磁场强度和方向，并产生与磁场成比例的输出电压或电流，因此在电机的转子状态监测方面也有应用。

3）磁性编码器：这种传感器使用磁盘或磁带上的磁性图案来测量旋转物体的位置或速度，并产生与位置或速度成比例的输出电压或电流。

（7）声学特性

物体的声学特性是指其传输、反射或吸收声波的能力。这种特性可以使用声学传感器来测量，例如麦克风和超声波传感器。应用场景也是非常丰富，例如通过对声波的分析，可以分析噪声的组成及变化，从而判断对象的运动形态及状态。超声波则可以对局部放电等产生高频声波的反应进行信息采集及跟踪。

2. 运行状态数据

（1）温度

在电力设备中，温度是最常见的状态监测数据，主要需要采集物体的关键发热点的温度，可以使用热像仪或温度传感器进行测量。

1）红外相机：这种传感器使用红外辐射捕获物理对象的图像。用透镜将红外辐射聚焦到传感器上，传感器将辐射转换为电信号，然后对电信号进行处理以创建图像。

2）热电偶：这种传感器使用塞贝克效应来测量不同金属的两个结之间的温差，并产生与温度成比例的输出电压。

3）电阻式温度检测器（RTD）：这种传感器利用金属线或薄膜的电阻随温度的变化来测量温度，并产生与温度成比例的输出电压或电流。

4）热敏电阻：这种传感器利用半导体材料的电阻随温度的变化来测量温度，并产生与温度成比例的输出电压或电流。

5）红外温度传感器：这种传感器利用物体发出的热辐射来测量其温度，并产生与温度成比例的输出电压或电流。

6）热敏二极管：热敏二极管是一种特殊的二极管，它的特殊之处在于其导通和截止是受温度影响的。热敏二极管的结构类似于普通的二极管，但是其内部结构中包含了一些特殊的材料，这些材料具有热敏性，即它们的电阻会随着温度的变化而发生变化。当热敏二极管处于冷态时，电阻很高，几乎等于无穷大，因此它处于截止状态。当热敏二极管受到加热时，电阻会迅速降低，从而导通。热敏二极管的导通和截止状态是受温度控制的，可以用于温度检测和控制等应用领域。热敏二极管的应用非常广泛，如在温度传感器、温度控制器、电子温度计等电子设备中都有广泛的应用。

（2）振动

物体的振动是指物体围绕一个固定点的振荡或运动。在运行中振动是非常显著的状态特征量，可以使用加速度计或振动传感器进行测量。这种传感器在电机转子振动、变压器铁心振动等运行状态的监测中有着广泛的应用。

（3）电气参数

在电力系统中，电气参数是基础监测参数。这些参数表明了系统的运行特性和状态实时情况。其中包括了电流、电压、频率、谐波等参数。下面详细介绍为检测这些参数所使用的感知技术和设备。

1）电流是指电荷在导体中流动的物理现象，可以使用电流传感器进行测量。电流传感器通过测量流经导体的电流产生的磁场或感应电压来工作，电流传感器有多种不同类型，例如：

① 霍尔电流传感器。霍尔电流传感器是一种用于测量电流的传感器，其技术原理基于霍尔效应（参考图2-18）。霍尔效应是指在磁场中，电流通过一块导体时，导体中的电子将受到磁场的力的作用，导致电子在导体中形成一侧电荷密度增加，另一侧电荷密度减少的现象。

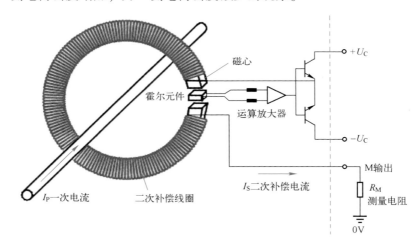

图 2-18　霍尔电流传感器原理

霍尔电流传感器中包含一个霍尔元件和一个磁场发生器，当电流通过霍尔元件时，磁场发生器产生的磁场将导致霍尔元件中的电子受到力的作用，从而在霍尔元件的侧面产生电压信号。该电压信号的大小与电流的大小成正比，因此可以通过测量电压信号来确定电流的大小。霍尔电流传感器的优点是精度高、响应速度快、线性度好、温度稳定性高等，适用于高精度、高速度、大电流测量等应用，现在大量应用在电机驱动电流监测、线圈电流监测等应用场景。

② Rogowski 线圈。Rogowski 线圈的技术原理是利用法拉第电磁感应定律测量电流。Rogowski 线圈由一根绝缘导线绕成螺旋状，当电流通过被测导线时，导线中的磁场将穿过 Rogowski 线圈，导致 Rogowski 线圈中的磁通量发生变化，如图 2-19 所示。根据法拉第电磁感应定律，这个变化将在 Rogowski 线圈中产生一个感应电动势，该电动势的大小与电流的变化率成正比。

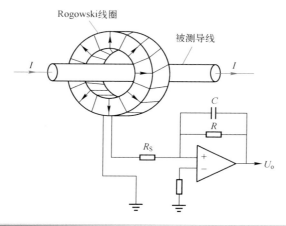

图 2-19 Rogowski 线圈原理

因此，可以通过测量 Rogowski 线圈中的感应电动势来确定电流的大小。Rogowski 线圈的优点是精度高、频率响应宽、响应速度快、线性度好等，适用于高精度、高速度、大电流测量等应用。

③ 电流互感器。电流互感器的技术原理是利用电磁感应定律测量电流。电流互感器由一个一次绕组和一些二次绕组组成，当主回路电流通过一次绕组时，产生的磁场将穿过二次绕组，导致二次绕组中感应出电流，如图 2-20 所示。根据电磁感应定律，二次绕组中感应出的电流与一次绕组中通过的电流成正比。

因此，可以通过测量二次绕组中感应出的电流来确定一次绕组中通过的电流的大小。为了提高测量精度，电流互感器通常需要进行校准和调整，以保证其输出的电流信号与被测电流的真实值相符。

电流互感器的优点是精度高、响应速度快、线性度好等，适用于高精度、高速度、大电流测量等应用，被广泛应用于电力、电子、通信、自动化等领域，是现代社会中不可或缺的能源和信息传输方式。

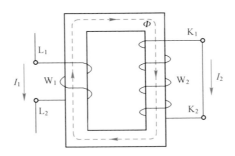

图 2-20　电流互感器原理

2）电压是电路中两点之间的电势差，可以使用电压传感器进行测量，例如电阻式电压分压器、电容式电压分压器和电压互感器。这些传感器测量电路两端的电场或电压降。

① 电阻式电压分压器。根据电压分压原理，电阻式电压分压器的输出电压与电阻的比例成正比，与被测电压的大小成反比。因此，可以通过调整电阻的比例来改变输出电压的大小，以实现对被测电压的测量，如图 2-21所示。

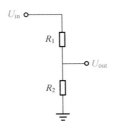

图 2-21　电阻式电压分压器原理

电阻式电压分压公式如下：

$$U_{\text{out}} = \frac{R_2}{R_1 + R_2} U_{\text{in}}$$

电阻式电压分压器的优点是简单易用、稳定可靠、成本低廉等，适用于广泛的电压测量应用。但是，由于电阻式电压分压器会消耗一定的电能，因此在高精度、高分辨率、大电压测量等应用中，需要注意电阻的选取和电路的设计，以避免误差和失真。

② 电容式电压分压器。电容式电压分压器的技术原理是利用电容与电压成反比的关系，将被测电压通过电容分压的方式降低到一个较小的范围，

以便于测量。电容式分压器由两个电容组成，将被测电压加在电容分压器的两端，通过电容分压原理可以得到电容分压器的输出电压。根据电压分压原理，电容式分压器的输出电压与电容的比例成反比，与被测电压的大小成正比，如图 2-22 所示。因此，可以通过调整电容的比例来改变输出电压的大小，以实现对被测电压的测量。

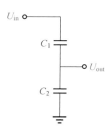

图 2-22　电容式电压分压器原理

电容式电压分压公式如下：

$$U_{out} = \frac{C_1}{C_1 + C_2} U_{in}$$

电容式电压分压器的优点是精度高、响应速度快、稳定性好等，适用于高精度、高分辨率、大电压测量等应用。但是，由于电容式分压器需要使用高精度的电容，因此电路设计和制造成本较高。

③ 电压互感器。电压互感器是一种用于测量高电压的传感器，其技术原理基于电磁感应定律。电磁感应定律是指当导体中的磁通量发生变化时，会在导体中产生感应电动势，如图 2-23 所示。

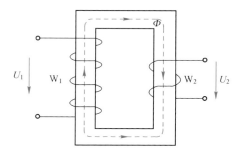

图 2-23　电压互感器原理

电压互感器由一个一次绕组和一些二次绕组组成，将被测电压加在一次绕组上，产生的磁场将穿过二次绕组，导致二次绕组中的磁通量发生变化。根据电磁感应定律，这个变化将在二次绕组中产生一个感应电动势，该电动势的大小与被测电压的大小成正比。

因此，可以通过测量二次绕组中的感应电动势来确定被测电压的大小。为了提高测量精度，电压互感器通常需要进行校准和调整，以保证其输出的电压信号与被测电压的真实值相符。

电压互感器的优点是精度高、响应速度快、线性度好等，适用于高精度、高速度、大电压测量等应用，被广泛应用于电力、电子、通信、自动化等领域，是现代社会中不可或缺的能源和信息传输方式。

3）频率是交流电流或电压每秒的循环次数，可以使用频率计或频率计数器进行测量，计算出在一定时间段内电流或电压的循环次数或振荡次数。

① 数字频率计/计数器。这类设备使用数字电路来计算特定时间段内电流或电压的周期或振荡次数，并以 Hz 为单位显示频率。

② 模拟频率计。这类设备使用动圈或动铁机构来测量频率，并在校准刻度上显示。

4）谐波是交流电流或电压基频的倍数，可以使用谐波分析仪或电能质量分析仪进行测量。这些设备分析电流或电压的波形并识别谐波分量。

① 频谱分析仪。这类设备使用傅里叶变换将电流或电压的波形分解为谐波分量，并将其显示在频谱上。

② 电能质量分析仪。这类设备可以测量电路的电压和电流，并根据谐波分量计算谐波失真和总谐波失真（THD）。

5）功率因数、有功功率、无功功率、视在功率等。

功率因数是交流电路中实际功率与视在功率的比值。可以利用电路的电压和电流之间的相位差计算功率因数。

有功功率是指电路中由电能转化为其他形式的功率，例如电动机、电炉等设备消耗电能产生的功率。有功功率的单位是瓦特（W），通常用符号 P 表示。有功功率的计算方法是 $P = UI\cos\theta$，其中，U 是电压，I 是电流，$\cos\theta$ 是电路的功率因数。

无功功率是指用于电路内电场与磁场的交换，并用来在电气设备中建立和维持磁场的电功率。它不对外做功，而是转变为其他形式的能量。凡是有电磁线圈的电气设备，要建立磁场，就要消耗无功功率，例如电容器、电感器等设备消耗电能产生的功率。无功功率的单位是乏（var），通常用符号 Q 表示。无功功率的计算方法是 $Q = UI\sin\theta$，其中，U 是电压，I 是电流，$\sin\theta$ 是电路的无功功率因数。

视在功率可以通过测量电压和电流来计算，即 $S = UI$。在交流电路中，由于电压和电流通常是不同相位的，因此视在功率可以分解为有功功率和无功功率的和，即 $S = P+jQ$，其中，P 是有功功率，Q 是无功功率，j 是虚数单位。视在功率的单位是伏安（V·A）。

① 功率计可以通过测量电压、电流和功率因数来计算有功功率和无功功率，也可以直接测量电路中的有功、无功及视在功率。

② 电能表则通过积分测量电路中的有功功率和无功功率，可以直接测量视在功率，同时还可以测量电路中的电能和功率因数等参数。

6）局部放电是指发生在电极之间但并未贯穿电极的放电，是由于电气设备绝缘内部存在弱点或生产过程中造成的绝缘缺陷，在高电场强度作用下发生重复击穿和熄灭的现象。这种放电的能量是很小的，所以它的短时存在并不影响到电气设备的绝缘强度。但若电气设备绝缘在运行中持续出现局部放电，这些微弱的放电将产生累积效应会使绝缘的介电性能逐渐劣化并使局部缺陷扩大，最后导致整个绝缘击穿。因此需要对局部放电进行跟踪及风险判断，以免绝缘故障扩大导致继发损失。

局部放电的频率为 3 kHz～3 GHz，放电同时伴随着如光、热、噪声、电脉冲、介质损耗的增大和电磁波放射等现象的发生。因此可以从这些现象入手进行局部放电现象的在线监测，具体见表 2-1。

表 2-1　局部放电监测方法

监测方法		工作原理
超声波传感器		超声波传感器通过检测局部放电时产生的高频声波来工作。超声波传感器可以连接到设备的表面或插入设备中以检测局部放电。传感器可以是压电式的，也可以是电容式的。压电传感器在受到机械应力时产生电荷，而电容传感器测量由声波引起的电容变化
电磁波	射频（RF）传感器	RF 传感器的工作原理是探测局部放电产生的电磁波。RF 传感器可以与天线集成为 RFID 标签，标签可以贴在设备的表面或插入设备中以检测局部放电产生的电磁波，再通过天线及读写器实现信息的采集。传感器可以是电容式的，也可以是电感式的。电容式传感器测量由电磁波的电场引起的电容变化，而电感式传感器测量电磁波引起的磁场变化

（续）

监 测 方 法		工 作 原 理
电磁波	光学传感器	光学传感器通过检测局部放电尤其是电晕放电时发出的光来工作。光学传感器可以连接到设备的表面或插入设备中以检测局部放电。传感器可以是光电倍增管，也可以是光纤。光电倍增管检测局部放电发射的光子，并产生与光强度成比例的输出电压，而光纤将局部放电发射出的光传输到设备外部的检测器。 由于检测的是光信号，因此主要是检测外绝缘放电情况，且设备内部的部件排布会影响效果
	声发射（AE）传感器	AE 传感器的工作原理是探测局部放电产生的声波。AE 传感器可以连接到设备表面或插入设备中，以检测局部放电。传感器可以是压电式的，也可以是电容式的。压电传感器在受到机械应力时产生电荷，而电容传感器测量由声波引起的电容变化
	超高频（UHF）传感器	UHF 传感器是一种特殊的天线，可以非常灵敏地检测到 $300 \sim 3000\,\text{MHz}$ 的超高频电磁波信号。 当局部放电发生时，会瞬间出现一个陡峭的脉冲电流，同时向外发射 $300 \sim 3000\,\text{MHz}$ 的电磁波，常见的有 TEM、TE 以及 TM 波，这些超高频电磁波会继续沿波导方向传播，超高频局部放电检测就是通过 UHF 传感器测量传出的超高频信号，实现局部放电测量和定位。 超高频传感器监测灵敏，布置灵活，可以不受电气设备的机械和绝缘干扰。但是针对电气设备内部的电磁波的传导，需要针对性地设计天线的形状及部署位置以达到最好的监测效果
	瞬态地电压（TEV）传感器	在局部放电过程中，放电脉冲会产生电磁波，由于设备的金属封闭壳体并不连续，因此会产生一个瞬时对地电压（TEV），可以通过特制的电容耦合探测器捕捉这个 TEV 信号，从而得出局部放电的幅值和放电脉冲频率。 本监测方法主要应用在比较性测量上，精度较高且灵敏，但是无法进行定位
脉冲	耦合电容	绝缘介质内的缺陷可以看作一个电容 C_x。当缺陷发生局部放电脉冲时，会在与耦合电容 C_k 和检测阻抗 Z_d 组成的回路中产生脉冲电流。这个脉冲电流会在 Z_d 的两端产生一个瞬时电压变化，即脉冲电压。脉冲电压经过传输、放大、过滤、计算等处理后，可以显示局部放电的基本参量。 使用信号处理技术，例如傅里叶分析、小波分析或时域分析来分析传感器的输出电压，以识别局部放电的频率和幅度。数据可以实时显示或存储以供进一步分析。 与其他局部放电在线监测技术相比，耦合电容法（参见图 2-24）有以下优点：它是非侵入性且直接进行电量测量的，并且可以用于同时监控多个设备；对低能量水平的局部放电也很敏感，可以检测不同类型设备中的局部放电，如变压器、电缆和开关设备。

（续）

监 测 方 法		工 作 原 理
脉冲	耦合电容	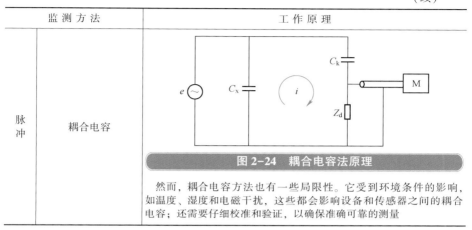 **图 2-24　耦合电容法原理** 　　然而，耦合电容方法也有一些局限性。它受到环境条件的影响，如温度、湿度和电磁干扰，这些都会影响设备和传感器之间的耦合电容；还需要仔细校准和验证，以确保准确可靠的测量

通过测量电力系统中的这些物理特性，可以监测并进一步控制电气系统和设备的性能和效率。

3. 环境状态信息

通过采集环境信息，可以提高数字孪生的准确性和可靠性，扩大建模范围，提供建模参数，优化物理系统的运行，提高生产效率和质量，保证环境的卫生和安全。例如，环境温度的采集可以提供电气设备运行过程中的温度及温升信息，从而更准确地建立数字孪生，优化诊断精度和老化过程。在发电和用能场景中，环境温度、湿度、光照等信息的采集可以扩大数字孪生的建模范围，优化光伏发电的效率，提升用能场景的能效和舒适度。

一般会采集温度、湿度、光照、气压、噪声及风力等状态信息。

（1）温度

环境温度可以使用温度传感器和数据采集器来采集，数据采集器通过有线方式连接到边缘服务器或者云平台，实现对温度信息的采集和监测；还可以通过天气预报系统的开放数据接口获取气温、湿度、气压等环境信息。

温度传感器一般具有高精度、高稳定性、快速响应等特点，可以实现对环境温度的准确测量和监测，但无法做到。数据采集器一般具有多种接口、高性能、高可靠性等特点，可以实现对多个温度传感器的数据采集和处理。

天气预报系统的温度具有预报性质，但是无法做到高精度及快速响应。

（2）湿度

环境湿度是指空气中水分的含量，是影响人体健康和物理系统运行的重要因素之一。环境湿度的测量原理基于热学效应和电学效应，其主要测量方法包括湿度传感器、露点传感器、电容式湿度传感器等。

1）湿度传感器：其原理基于热学效应。其包括两个温度传感器、一个干燥的参考空气流和一个待测空气流。当参考空气流通过加热器时，其温度会小幅升高。待测空气流通过加热器时，其温度也会小幅升高。当待测空气流中的湿度比干燥空气高时，其温度升高的速度会较慢。通过比较两个温度传感器的温度差异，可以计算出空气中的湿度值。湿度传感器测量精度高、响应速度快、使用寿命长。但是，湿度传感器需要定期校准，并且其结果对温度和压力的变化敏感。

2）露点传感器：其原理也基于热学效应。露点传感器包括一个冷却元件和一个温度传感器。当空气通过冷却元件时，其温度会降低，当空气中的水分达到饱和时，冷却元件上会产生凝露。通过光学、电阻或电容测量法可以检测到凝露的状态。通过测量露点的温度，可以计算出空气中的湿度值。露点传感器测量精度高、使用寿命长，不受温度和压力变化的影响。但是，露点传感器需要定期清洁和校准。

3）电容式湿度传感器：其原理基于电学效应。电容式湿度传感器包括两个电极和其中的介质。当空气中的水分含量发生变化时，介质的介电常数也会发生变化，从而改变了电极之间的电容值。通过测量电容值的变化，可以计算出空气中的湿度值。电容式湿度传感器测量精度高、响应速度快、使用寿命长等。但是，电容式湿度传感器对温度和压力的变化敏感，需要定期校准。

（3）光照

光照的单位是勒克斯（lx），表示每平方米的光照强度。光照是指光线照射到物体表面的强度，通常用光照度来表示。光照度越高，说明光线照射物体表面的强度越大。光照度测量的应用场合有很多，主要有以下几种。

1）确定照明强度：在照明设计中，需要根据不同的照明需求，确定不同场景下的照明强度。通过光照度的测量，可以确定照明强度是否符合设计要求。

2）评估视觉舒适度：光照度的高低会影响人的视觉舒适度，过高或过低的光照度都会影响人的视觉健康和舒适度。通过光照度的测量，可以评估人的视觉舒适度是否符合要求。

3）监测照明效果：在照明系统的运行过程中，需要对照明效果进行监测和调整。通过光照度的测量，可以实时监测照明效果是否符合要求，并进行相应的调整。

4）节能减排：光照度的测量可以帮助优化照明系统的设计和运行，实现节能减排的目的。

通过测量光照度，可以保证照明系统的正常运行，提高人们的视觉舒适度，减少能源消耗，降低环境污染。同时，光照度的测量也是光学、光电、光学材料等领域的重要基础工作。

现在有很多在线检测光照的传感器可供选择。表 2-2 中列出了一些常见的在线检测光照的传感器。

表 2-2　常见的在线检测光照的传感器

类　　　型	工　作　原　理
光敏电阻传感器	光敏电阻传感器是一种基于光敏电阻原理的光照传感器，可以测量光照强度。光敏电阻传感器的灵敏度和响应速度较低，适用于一些低精度、低速度的光照测量应用。在室内照明系统中，光敏电阻传感器可以实现自动调节灯光亮度以达到节约能源的效果
光电二极管传感器	光电二极管传感器是一种基于光电效应原理的光照传感器，可以测量光照强度，具有灵敏度和响应速度较高等特点，适用于一些高精度、高速度的光照测量应用。光电二极管传感器已经在光伏发电效率评估采用的太阳辐射传感器中得到应用
CCD 传感器	CCD 传感器是一种基于 CCD 技术的光照传感器，可以测量光照强度、颜色和方向等参数，具有高精度、高分辨率和高灵敏度等特点，适用于一些对光照测量精度要求较高的应用。CCD 传感器主要在光学测量中得到了应用
光纤传感器	光纤传感器是一种基于光纤技术的光照传感器，可以测量光照强度、颜色和方向等参数，具有高灵敏度、高抗干扰性和长距离传输等特点，适用于一些需要长距离传输光照信号的应用。在电力系统中光纤传感器已经在内部故障电弧的检测上得到了应用

（4）气压

大气压力是指大气对于单位面积的压力，通常用帕斯卡（Pa）作为单位。在标准大气压的情况下（即温度为 15℃、海平面高度、相对湿度为 0），大气压力约为 101325 Pa，也可以用标准大气压（atm）作为单位，1 标准大气压等于 1013.25 hPa 或 1.01325 bar。但是实际情况下，大气压力会受到地理位置、天气、海拔高度等因素的影响，因此大气压力的数值也会有所不同。

大气压力测量的应用场合也有很多种。

1）天气预报：气压是天气变化的一个重要指标。通过测量环境气压的变化，可以预测天气的变化趋势，为天气预报提供依据。天气预报在光伏和风电的运行中有着非常重要的应用。

2）海拔测量：气压随着海拔的升高而降低，因此可以利用气压测量来估算海拔高度。在高海拔电气设备的绝缘水平是需要进行补偿的。在电力系统的应用中，海拔的估算在选址和绝缘等级选择上有着很重要的意义。

3）环境监测：气压的变化也可以反映环境的变化。例如，在气象、地质、环境监测等领域中，可以利用气压测量来监测环境的变化，如地震前的气压异常等。气压变化直接影响到变电站及输电设备的正常运行。

大气压力测量传感器主要有以下几种。

1）气压传感器：气压传感器可以测量大气压力，常用的气压传感器有压阻式、电容式、压电式和共振式等。其原理是利用压阻、电容、压电效应或共振频率等原理，将气压转换成电信号输出。

2）气压计：气压计是一种利用气体的压缩和膨胀来测量气压的仪器。常用的气压计有水银气压计、气动气压计、电子气压计等。

3）金属薄膜气压传感器：将金属薄膜固定在传感器的测量腔室中，当测量腔室内的气体压力发生变化时，会使得金属薄膜发生应变变形，从而改变金属薄膜的电阻值。通过测量金属薄膜电阻值的变化，就可以得到气体压力的数值。金属薄膜气压传感器具有响应速度快、精度高、线性度好、稳定性好等优点。

（5）噪声

噪声指的是在人耳可以听到的声波频段内，频率、强弱变化无规律、杂乱无章的声音。噪声检测是指对环境中的噪声进行测量和分析的过程，其单位为分贝（dB）。噪声检测的意义在于评估噪声对环境的影响，且可以作为电气及运动设备运行的指标进行监控，并为噪声控制和管理提供依据。常用的噪声传感器见表2-3。

表2-3　常用的噪声传感器

类　型	工　作　原　理
声级计	声级计是一种专门测量声音强度的仪器。常用的声级计有热电式、压电式、电容式等。声级计的应用场合包括工业噪声、交通噪声、建筑噪声、家庭噪声等

（续）

类　　　型	工　作　原　理
麦克风	麦克风可以将声波转换成电信号输出，常用于噪声的实时监测和分析。麦克风的应用场合包括环境噪声监测、声学研究、音频录制等
振动传感器	振动传感器可以测量物体的振动情况，常用于机械设备的故障诊断和噪声控制。振动传感器的应用场合包括机械设备、建筑结构等
噪声传感器	传感器内置一个对噪声敏感的电容式驻极体传声器，声波使传声器内的驻极体薄膜振动，引起电容器的变化，而产生与之对应变化的微小电压，进而实现光信号到电信号的转换

噪声检测在电力系统中的应用非常广泛，主要用于检测和分析电力系统中设备和线路的噪声信号，以便及时发现和排除故障。应该根据具体的应用场景和测量需求选择合适的噪声传感器，并对其进行定期校准和维护，以保证测量的准确性和可靠性。比如可以对变压器、电动机等设备的运行噪声进行监测，其正常运行时的声音特征与过负荷或故障运行时会有区别，因此可以针对声音的特征量进行诊断，并为运行和管理提供依据。

物体的这些物理特性信息通过各种不同的传感器和相机等技术进行监测。将这些信息及数据应用于数字孪生系统，创建可用于模拟、分析和优化的虚拟模型。这些传感器收集的数据被输入创建数字孪生模型的算法中，该模型实时复制物理对象或系统的行为。这使工程师和设计师能够测试和预测不同的场景，并在进行任何实际更改之前对物理对象或系统进行更改以达到不同的目标，从而避免了大量的资源及人力的浪费。

（6）风力

对于风力发电应用场景中，风力的大小、方向等数据对风电机组出力至关重要。这里需要准确感知并采集风力的相关数据。常用的传感器有以下几种。

1）风速传感器：风速传感器用于测量风的速度，通常采用超声波或热线等技术实现。还有皮托管、风杯等技术。通过测量风速，可以确定风力发电机的输出功率和风能利用效率。现在较为先进的是超声波风速风向仪。它可以同时输出风速和风向数据，而且重量轻，没有移动部件，坚固耐用，对温度不敏感，同时不需要维护和现场校准，但需要定期进行清洁。

2）风向传感器：风向传感器用于测量风的方向，通常采用风向标或超声波等技术实现。风向标通常以风向箭头转动探测感受风向，并通过电磁、光电或电阻等内部元件来实现风向的数值计算。通过测量风向，可以确定风力发电机的转向角度和叶片的角度调整，以便最大限度地利用风能。

3）风压传感器：风压传感器用于测量风的压力，通常采用差压传感器或静压传感器等技术实现。通过测量风压，可以确定风力发电机的机身受力情况和叶片的载荷情况，以便进行结构设计和安全评估。

4. 感知技术的工程应用方法

针对场景的感知技术的应用落地，并不是一个简单的过程，而是一个系统性工程，需要评估各方面的影响，以及本身的性能，经过一系列的开发验证，才能最后逐步落地。

这个过程大致包括：

1）传感器器件的选择。

2）外形、安装结构的设计及生产。

3）测试验证。

这里用中压断路器触指的温度感知技术的工程应用来举例说明。由于在实际运行中，触指处的发热会加速镀银层的硫化和氧化反应，从而增加接触电阻，发热水平进而不断恶化，甚至危及绝缘和动热稳定性能，因此需要及时获取触指处在运行中的温度数据。但是触指处于静触头盒内，在运行中无法从柜外进行数据的采集。但是停电后，又无法加载电流以获得发热的真实数据。如果可以在柜内安装合适的温度传感器，并将温度数据实时传输到数据采集器中，就可以解决这些问题。而这里传感器的型号选择、外形结构、安装位置和安装方式都会影响到精度、性能和长期运行的老化趋势。

（1）器件的选择

在设计之初需要充分考虑测温模块的使用场景——高温、高压、大电流、强磁场，由此定制一系列完整的解决方案来满足这个特殊的使用要求。

方案应该包括测温传感器及数据发送模块和数据接收模块两部分。

测温传感器及数据发送模块应该可以直接检测到触指附近的温度，以保证数据的准确性。触指处在运行中带高压，因此此模块与数据接收模块之间的数据通信应该是无线方式，以保证开关设备的绝缘水平。

触指处电场集中，磁场集中，又是发热的主要来源，因此所有电子器件全部选择可长期工作在超过开关设备温度标准以及磁场标准的环境中的器件。

微控制器采用业内公认的抗干扰性能超强的单片机，确保模块在恶劣的电磁环境中万无一失。

无线通信需要考虑开关设备内部的复杂结构对信号的衰减作用，同时要考虑和站内其他无线之间的干扰影响，因此要慎重选择无线通信方案。现在应用比较广泛的是使用基于 IEEE 802.15.4 无线标准的 2.4G 无线技术，它支持数十个无线通信信道，从物理上解决了相邻开关柜的无线通信互相干扰的问题。

测温传感器及数据发送模块的供电方案也需要慎重选择。由于所处环境的限制，最好是可以选择自供电方案，例如自取电 CT 或电容分压取电，利用开关设备本身的一次电流或对地高电压感应取电。现在在实际应用中，自取电 CT 占据较大份额，大多采用了最新合金材料，具有导磁效率高、饱和电流低的特点，完美地解决了自取电 CT 在小电流时需尽可能多提供能量，在大电流时需尽快饱和以减少能量输出，避免模块发热的问题。

模块的电源设计上，也需要充分考虑供电方式的特点，一般要具有过电压、过电流、过热保护功能，为测温和数据发送模块提供稳定可靠的供电。

（2）外形结构设计及安装位置、安装方式的设计及生产

由于触指位置小，且不规则，而且在断路器摇进摇出时，有插入或退出静触头时的触指胀大或缩紧情况，因此直接安装传感器的条件较为苛刻。现在较多的应用是基于触臂的测温方案。由于触臂是相对固定的，且空间较大，在回路上直接连接触指，其温度变化可以实时反映触指的温度情况，与触指的温度基本一致，故大多采用在触臂上监测温度来反映触指的温度状态的方案。但是触臂所处位置很关键，而且 A、C 两相旁就是阀门机构，其电场分布非常集中，电场的改变很容易引起绝缘击穿；并且触臂是导流的主回路，其电阻和机械强度是非常重要的参数。在设计中需要考虑多方面的影响因素，综合确定方案。

在触臂测温的设计中，从一二次融合、一体化设计的高度出发，将测温模块尽量小型化，并加以严格的绝缘防护，甚至可以设计嵌入圆柱形触臂里面。对于新的外观结构，结合柜内的器件排布，经过电场仿真计算，找到最合适的外形及复合绝缘的设计，从而解决绝缘问题。还需要利用热力仿真计算，杜绝导流发热能力问题，以及利用机械应力仿真解决短路时的机械应力问题，从而确认最终的触臂测温方案的外形结构设计。

在方案设计中，还需要考虑现场的拆装工作量。一旦传感器发生故障，也需要很简便地进行更换，使得现场维修工作的复杂性大大降低。随着技术

发展传感器本身的尺寸缩小，近期也有直接安装在触指上的应用实例。

（3）测试验证

一个方案从设计到落地，其可行性必须通过严格的验证试验来进行确认。对于触臂或触指测温方案来说，不仅需要满足测温传感器的测温精度、稳定性及范围、抗干扰及 EMC 等性能试验，而且还要满足开关设备的整柜型式试验要求。

对于触臂或触指测温方案，需要安排多轮、多类验证试验。

1）精度测试。由于温度传感器的精度并不等同于测温方案的实际精度，故而需要对触臂或触指测温方案的测温范围和精度进行验证。例如在高低温试验箱，通过施加额定一次电流让触臂和触指产生温升，实时对比用热电偶测量的触指温度和测温模块发送的测量温度。

2）测温的长期稳定性。短时间的温度测量精度不代表长时间的温度测量稳定性。可以在温升实验室模拟一次电流负荷变化的情况，测温模块按照实际工况安装后将温度无线传输到数据接收模块，再统一进行数据的处理和分析。在一段时间的测试后，对长期稳定性进行进一步的评判。

3）配柜测试。对这个方案，需要和实际的断路器及开关设备配合一起进行整柜测试，以检测方案的适配性以及整柜的性能是否因此方案而发生了任何性能的变化。可以按照企业和国家标准，进行温升、动热、耐压、抗干扰、EMC 等全套试验，确保新增的传感器不会对原有性能指标造成任何影响。

4）长期运行性能。对测温及数据发送模块的长期运行性能评估，可以对在高温环境下的 MTBF，即平均无故障时间进行评估。应使模块在一次额定电流下无故障工作超过 30 年，并应该在实际项目应用中长期进行跟踪，以确保它们在寿命周期内的优良性能。

因此，针对一个感知技术在实际场景中的落地应用，需要从选型、设计、安装运行、测试验证以及等方面进行系统性开发工程实施。

▶▶ 2.3.2 数据的传输与存储

随着移动互联网、物联网、云计算、大数据、人工智能、区块链等信息技术的不断升级，全球数字经济蓬勃发展，数字孪生作为实现传统产业数字化转型与智能化升级的有效手段，近年来受到航空航天、电力、船舶、智慧城市、农业、建筑、车辆、石油天然气、智慧医疗、智慧园区等行业的极大关注。数字孪生体系包括感知层、数据层、计算层、功能层和应用层，分别对应着数字孪生的 5 个要素——物理对象、对象数据、动态模型、功能模块和应用能力，具体如图 2-25 所示。

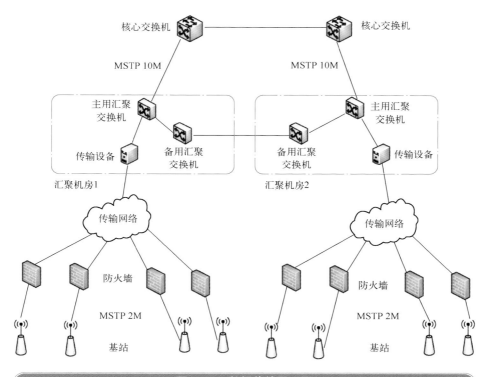

图 2-25　数据传输原理图

数字孪生实践主要依赖以下几个关键技术：物理实体智能感知、传输与实时控制，多维虚拟模型构建、组装、验证及管理，信息系统服务全生命周期管理，数据存储与融合处理等。虽然这些技术服务于数字孪生的不同功能应用，但支持其实现的基本要素均为数据，因此保证高质量的数据资源是实现数字孪生的关键核心之一。

什么是数据？每个人对数据的定义都是不同的，从字面意义上理解，"数据"由"数"和"据"组成。"数"指的是数值、数字、数字化的信息，或者以数值的形式存储的信息；而"据"则指的是"证据"或者"依据"。简单地从字面意义上来理解"数据"的定义就是，数字化的证据和依据，是事物存在和发展状态或者过程的数字化记录，是事物发生和发展留存下来的证据。如果说我们拿到了一份数据，这就意味着我们不仅仅拿到数值，还要理解这个数据，如果无法解读所获得数据的含义，那么只能称之为"数"，而不是"数据"。

随着科学技术的发展，数据概念的内涵也会不断发展，并继续演变，数据的概念会进一步得到延展。电力企业留存和积累的数据越多，价值也越来越大，这些数据一方面可以当作证据，另一方面也可以用来研究规律，成为企业预测未来市场、形成商业洞察的依据。

数据技术在世界互联网大会中被正式提出，与 IT（Information Technology）相对应，称之为 DT（Data Technology）。人类已经从 IT 时代走向 DT 时代，IT 时代是以自我控制、自我管理为主，而 DT 时代是以服务大众、激发生产力为主的技术。推动数据技术（DT）时代发展的技术包括：数据传输技术、数据存储技术以及数据处理技术，这几种技术的相互作用带我们进入了大数据时代。

1. 数据传输

（1）数据传输定义

数据传输（Data Transmission），指的是依照适当的规程，经过一条或多条链路，在数据源和数据宿之间传送数据的过程；也表示借助信道上的信号将数据从一处送往另一处的操作。

（2）数据传输工作原理

数据传输系统通常由传输信道和信道两端的数据电路终接设备（DCE）组成，在某些情况下，还包括信道两端的复用设备。传输信道可以是一条专用的通信信道，也可以由数据交换网、电话、交换网或其他类型的交换网路来提供。数据传输系统的输入/输出设备为终端或计算机，统称数据终端设备（DTE）。它所发出的数据信息一般都是字母、数字和符号的组合，为了传送这些信息，需将每一个字母、数字或符号用二进制代码来表示。常用的二进制代码有国际五号码（IA5）、EBCDIC 码、国际电报二号码（ITA2）和汉字信息交换码（见数据通信代码）。

（3）数据传输格式

传输格式（Transmission Format），一般是指数据的传送格式。数据的传输遵循在起始条件 S 后，发送了一个从机地址，这个地址共有 7 位，紧接着的第 8 位是数据方向位 R/W，"0"表示发送写，"1"表示请求数据读，数据传输一般由主机产生的停止位 P 终止。数据传输可分为并行传输和串行传输两种。

1）并行传输格式：并行传输是构成字符的二进制代码在并行信道上同时传输的方式。例如，8 单位代码字符要用 8 条信道并行同时传输，一次即可传一个字符，收、发双方不存在字符同步问题，速度快，但信道多、投资大，数据传输中很少采用，不适于做较长距离的通信，常用于计算机内部或在同一系统内设备间的通信。

2）串行传输格式：串行传输是构成字符的二进制代码在一条信道上以位（码元）为单位，按时间顺序逐位传输的方式。按位发送，逐位接收，同时还要确认字符，所以要采取同步措施。这种传输格式速度虽慢，但只需一条传输信道，投资小，易于实现，是数据传输采用的主要传输方式，也是计算机通信采取的一种主要方式。

（4）数据传输类型

传输类型（Transmission Type），是数据在信道上传送所采取的方式。数据传输类型若按数据传输的同步方式可分为同步传输和异步传输；若按数据传输的顺序可以分为并行传输和串行传输；若按数据传输的流向和时间关系可以分为单工、半双工和全双工数据传输。

1）按照同步方式。

同步传输：同步传输是以固定时钟节拍来发送数据信号的。在串行数据流中，各信号码元之间的相对位置都是固定的，接收端要从收到的数据流中正确区分发送的字符，必须建立位定时同步和帧同步。

异步传输：异步传输每次传送一个字符代码（5~8 bit），在发送每一个字符代码的前面均加上一个"起"信号，其长度规定为 1 个码元，极性为"0"，后面均加一个止信号。在采用国际电报二号码时，止信号长度为 1.5 个码元，在采用国际五号码（见数据通信代码）或其他代码时，止信号长度为 1 或 2 个码元，极性为"1"。

2）按照传输顺序。

并行传输：并行传输指的是数据以成组的方式，在多条并行信道上同时进行传输，是在传输中有多个数据位同时在设备之间进行的传输。常用的是将构成一个字符的几位二进制码同时分别在几个并行的信道上传输。

串行传输：串行通信作为计算机通信方式之一，主要起到主机与外设以及主机之间的数据传输作用，串行传输具有传输线少、成本低的特点，主要适用于近距离的人-机交换、实时监控等系统通信中，借助于现有的电话网也能实现远距离传输，因此串行通信接口是计算机系统中的常用接口。

3）按照传输流向和时间。

单工传输：单工数据传输是两数据站之间只能沿一个指定的方向进行数据传输。即一端的 DTE（数据终端设备）固定为数据源，另一端的 DTE 固定为数据宿。

半双工传输：半双工数据传输是两数据站之间可以在两个方向上进行数据传输，但不能同时进行。即每一端的 DTE 既可作数据源，也可作数据宿，但不能同时作为数据源与数据宿。

全双工传输：全双工数据传输是在两数据站之间，可以在两个方向上同时进行传输。即每一端的 DTE 均可同时作为数据源与数据宿。通常四线线路实现全双工数据传输，二线线路实现单工或半双工数据传输。

（5）数据传输步骤

数据传输步骤如下：

1）在发送端和接收端之间打开同步传输信道。

2）由发送端通过同步信道派送多个传输开始指示符分组，直到接收到接收端的部件上的接受应答。

3）在发送端接收接受应答之后，由发送端通过同步信道派送至少一个有效负荷分组。

4）在检测到分组的不良接收之后，由接收端向发送端派送出错消息。

5）在由接收端派送的出错消息被发送端接收的情况下，从出错位置开始而后重新开始传输有效负荷数据。

2. 数据存储

（1）数据存储定义

数据存储是一个存储库持久地存储和管理数据的集合，是存储计算机系统中信息并保护信息安全的数字存储库。数据存储可以是连接到网络的存储、分布式云存储、物理硬盘驱动器或虚拟存储。它可以存储结构化数据（例如信息表）和非结构化数据（例如电子邮件、图像和视频）。组织机构可以使用数据存储跨业务部门保留、共享和管理信息。其原理如图 2-26 所示。

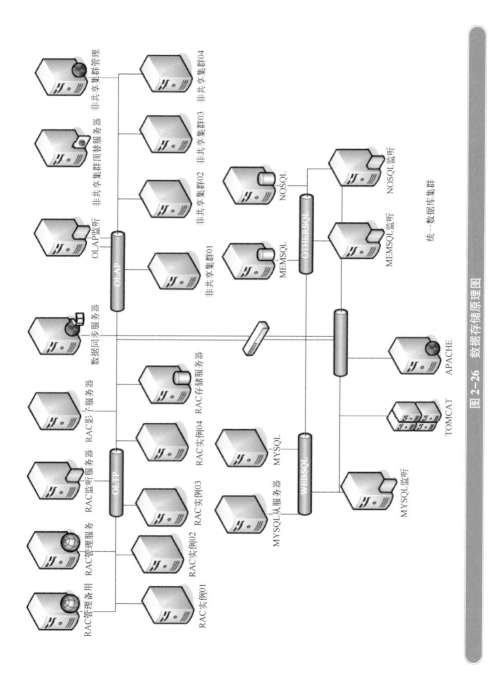

图 2-26 数据存储原理图

如今，组织机构和用户需要数据存储来满足高级计算需求，例如大数据项目、人工智能（AI）、机器学习和物联网（IoT）。需要庞大数据存储量的另一个原因是防止由于灾难、故障或欺诈导致的数据丢失。因此，为避免数据丢失，组织机构还可以使用数据存储作为备份解决方案。

（2）数据存储工作原理

简单来说，现代计算机（或称为终端）直接或通过网络连接到存储设备。用户指示计算机从这些存储设备访问数据并将数据存储到其中。但根本而言，数据存储有两个基本要素：数据所采取的形式，以及记录和存储数据的设备。

数据存储设备是数据存储背后的底层技术，可以以文件、表格或区块等特定格式从设备读取信息以及向设备写入信息。该设备可以是本地设备、远程设备或在云设备。

（3）数据存储格式

数据存储旨在处理和组织不同格式的数据。

1）文件存储：文件存储以自上而下的层次结构将存储的信息整理到文件和文件夹中。计算机使用文件存储让用户可以轻松地存储、搜索和检索信息。

2）数据块存储：数据块存储将数据分成多个大小均匀的片段，这些片段称为数据块。数据块存储系统将不同的数据块存储在不同的物理设备上。当用户请求特定数据时，系统会检索并重新组合这些片段。该系统使用映射系统根据基块元数据定位请求的数据。元数据是帮助用户或应用程序在存储中查找特定信息的附加信息。

3）对象存储：对象存储将非结构化数据存储在可扩展、独立的存储库中，该存储库可以托管在不同的服务器上。属于某个对象的每个数据块都在其元数据中进行了描述。

（4）数据存储类型

数据存储的类型较多，每种都具有独特的设置和特征。

1）直接附属存储：直接附属存储（DAS）由以物理方式连接到计算机的存储设备组成。

2）网络附属存储：网络附属存储（NAS）是一种文件专用的存储设备，可让应用程序和用户持续访问数据，以便通过网络有效协作。NAS设备是专门用于处理数据存储和文件共享请求的服务器。这些设备为私有网络提供快速、安全且可靠的存储服务。

3）存储区域网络：存储区域网络（SAN）是一种使用不同类型的存储介质和协议的高速数据存储基础设施。

4）云存储：云存储是由云提供商托管和管理的分布式存储基础设施。与本地存储相比，云存储的可扩展性和灵活性更高，且更易于远程访问。

5）混合云存储：混合云存储允许公司隔离本地和云存储服务之间的数据。混合云存储可帮助公司从旧式架构迁移到成本更低、更安全的云环境。

3. 应用场景

以数据传输、存储等数据技术为技术支撑，为电网数字孪生系统运行奠定重要基础，赋能变电站智能化数字化建设。2022 年，东北首座数字孪生变电站在辽宁辽阳启用，如图 2-27 所示。

图 2-27　东北首座数字孪生变电站示意图

220kV 首山变电站始建于 1952 年，承载着辽宁中部地区重要工业负荷。为进一步提升变电站的运维管理水平，国网辽阳供电公司通过构建物理模型，融合多种新型传感器，为首山变电站量身打造了一套快速响应的智慧指挥平台——数字孪生系统。该系统具备陆空联合巡检、智能诊断分析等 8 个数字化模块，一比一仿真模拟变电站实体，实现了变电站全景感知、信息汇聚展示、设备状态分析及设备集中控制。

"变电站内全部细节在系统上清晰可辨，运行参数一目了然。" 9 月 13 日，国网辽阳供电公司的运维人员在首山数字孪生变电站内，通过无人机与紫外线摄像头融合的方式，对变电站一、二次设备进行全方位、智能化巡检。

与传统变电站不同，数字孪生变电站不仅可实现变电站运行工况的全面感知，还可对采集数据进行计算处理，对站内设备运行状态进行智能诊断分析，提前预测设备可能出现的异常情况，运行人员也可在系统中模拟处置，找到最佳解决方案。在设备运维检修中，每年可节约人力投入200人次，平均故障处理时间缩短90分钟，减少停电4153时户，为辽阳市"数字城市"项目建设提供数据支撑。

近年来，国网辽阳供电公司积极推动大数据、云计算、人工智能等数字技术与地区经济社会发展深度融合，聚焦"一圈一带两区"区域发展新格局和"数字辽宁、智造强省"发展战略，探索变电站数智化转型，不断强化变电运维专业化、精益化、自主化发展，实现数智化改革升级，提升了电网运检数字赋能水平，提高了地区电网供电可靠性。

▶▶ 2.3.3　建模技术——多物理场仿真

多物理场建模技术属于数字孪生架构中虚拟层的关键建模技术之一。电力装备通常是电、磁、热、力、流、声等多物理场的耦合体，如果场量分析不准，会导致设计不当，甚至引发质量问题，威胁装备安全运行。研究电力设备多物理场建模技术，开发电力设备多物理场耦合模型及快速计算，能够实时呈现设备内的稳态和动态多物理场耦合分布，实现设备在设计和运维阶段的多物理场耦合透明。

1. 电力设备多物理场

多物理场建模是一种运用计算机技术对物理现象建立、发展、变化过程进行仿真的手段，它本质是对多个相互作用的物理属性之间的研究。电力设备在运行中受到电、磁、热、力及流体等多物理场的耦合作用。电力设备多物理场仿真是研究设备在电场、磁场、温度场、流体场和力场等各物理场综合作用下的运行状况特性，在此过程中涉及跨空间、时间尺度和不同物质形态（多介质）之间相互作用的问题。

变压器、电缆和气体绝缘开关设备（GIS）等典型电力设备从其结构设计到生产制造，再到安装调试、运行维护，直至退役的全生命周期中，受到电、磁、热、力等多种物理量的综合作用。各物理场之间存在如图2-28所示的耦合关系。

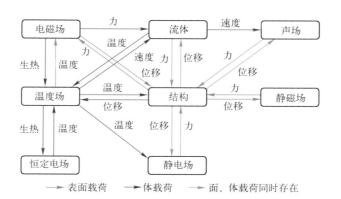

图 2-28　各物理场耦合关系

　　电力设备在电压、电流激励的驱动下，其中的多物理场以电磁场为主导，同时又与其他物理场相互作用。一方面，电磁场作为温度场、应力场、流体场等物理场的激励源；另一方面，在电、磁、热、力、流体等多场作用下，电工材料的导电性、导磁性和绝缘特性等会发生时空变化，从而形成复杂的相互作用与耦合关系。其中，温度场是设备各物理场之间的枢纽之一，它通过影响电导率来影响涡流分布和电磁场，通过影响流体物性参数来影响流场，通过影响热膨胀位移来影响力场，同时自身又受到电磁场热损耗和流场换热的反向影响。考虑多物理场之间的耦合已经成为计算机辅助工程（Computer-Aided Engineering，CAE）技术发展的一种趋势，这是对工程仿真精度不断提升的必然要求。多物理场耦合按照各物理场间的相互依赖程度分为强耦合和弱耦合。强耦合指在求解耦合方程组的同时更新耦合方程组内所有物理量与材料参数；弱耦合问题则先通过求解单物理场，再通过数据传递实现不同物理场之间的耦合。

2. 多物理场耦合作用

　　电力设备的紧凑化与智能化是新型电力系统的发展方向，多物理场分析随之不断迎来新的挑战，仿真计算规模、计算精度要求及精细化设计程度日益增加。电力设备中存在的多物理场类型与特点如图 2-29 所示。

　　针对不同的场景和工况，需要建立精确的多物理场耦合仿真模型，包括偏微分方程（Partial Differential Equations，PDE）耦合机理、材料本构关系模型、数值离散中的耦合关系传递机制及大规模代数方程问题的高效求解。通过多物理场耦合计算模拟工程物理现象，以实现物理量的精确量化，以及物理变化过程的可解释性、可视化。

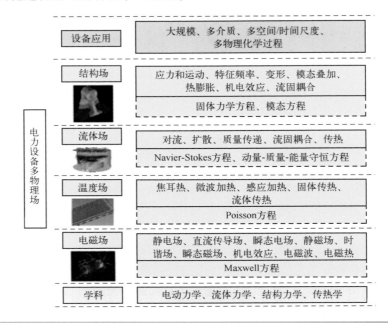

图 2-29　电力设备多物理场类型与特点

多物理场耦合仿真同时要考虑多空间/时间尺度和多介质问题。典型的多空间尺度问题包括如变压器绕组的精细化建模、考虑铝箔结构的高压套管多物理场建模等。多时间尺度指不同场的激发和响应惯性时间常数存在量级差别，多物理场耦合可以通过自适应步长耦合算法来避免响应时间常数大的物理场的过频计算。进一步，电力设备中还存在从微观、介观到零件/设备级乃至系统级宏观角度分析物理现象的跨空间尺度问题，在微观层级通过对材料分子的分解、碰撞、结合过程进行模拟仿真，有助于材料理化性质变化机理的提出，从而有助于对气液固放电过程、长空气间隙放电过程等进行精细模拟计算，也将为设备零部件的设计生产提供指导。多介质是指在分析的多物理场中包含具有不同特性的对象，不同对象之间场的作用形式通过边界条件确定，多介质和多物理场是相互制约的关系。例如，变压器的电弧能量作用于绝缘油使得油中产生气泡域，气泡域受到力场的作用在油域中运动，同时，气泡大小会变化，力场受油域的温度影响而变化，气泡域反过来会影响电场的分布。故障情形下的压力差达到一定程度时甚至会导致变压器绕组

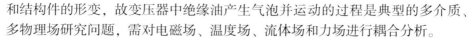

和结构件的形变，故变压器中绝缘油产生气泡并运动的过程是典型的多介质、多物理场研究问题，需对电磁场、温度场、流体场和力场进行耦合分析。

3. 数字孪生框架下多物理场研究中的问题

数字孪生是联系物理与信息世界的关键技术，其在电力设备领域的应用正处于探索阶段。数字孪生通过实时监测物理实体的运行状态，将监测量作为虚拟实体的一部分输入，并借助多物理场耦合模型计算得到各个场分布，进而实现物理实体与虚拟数字体之间的数据映射和交互。数字孪生技术可以辅助电力设备建立从生产到运行维护直至退役全生命周期的优化与控制策略，在生产端可以对比实验检测数据与仿真数据实现虚拟测试，以减少实验成本，也可以在运行维护端通过虚拟空间对电力设备进行临界状态仿真。实现电力设备数字孪生的核心离不开多物理场仿真。同时，为了满足应用场景中实时性的要求及运行维护等需求，孪生模型的创建需要轻量级精度可靠的模型，为此需要研究新的多物理场快速计算方法和数据驱动模型及仿真相关技术。

（1）集成 CAD/CAE 的等几何分析法

随着工程问题复杂度的增加，有限元法在网格划分速度与质量以及离散化过程中的效率方面面临着更高的要求。若能实现分析模型与几何模型的统一，避免有限元网格划分的复杂耗时过程和网格加密时数据的频繁交互过程，将大大提高模型求解效率与精度。为此，出现一种以样条理论为基础的等几何分析（Isogeometric Analysis，IGA）法。等几何分析法采用计算机辅助设计（Computer Aided Design，CAD）系统中的精确几何模型实现样条模型参数域到物理模型的映射，其中，几何模型与分析模型采用统一表达式，避免了数值计算的二次建模，节省了求解域离散时间和网格细化过程中与几何模型频繁交互数据所需要的时间。等几何分析法在解决大规模且复杂的工程问题中有较大优势，包括高精度的几何建模、简单的网格划分、网格细化和高阶连续性等。等几何分析法避免了通过多项式近似而引入计算误差，可以用较少的自由度达到与有限元法相近的计算精度。

等几何分析法采用非均匀有理 B 样条（Non-Uniform Rational B-Spline，NURBS）作为基函数，由于在单元边界上 NURBS 基函数能够实现 $C^k(k \geqslant 1)$ 连续性，数值解精度的提高可通过提高光滑性 k 来实现。基于等几何分析法发展出新的数值计算技术，例如，当等几何分析产生的代数方程规模很大时，直接求解计算成本过高，故采用迭代方法求解。有学者提出一种适用于等几何分析的多重网格共轭梯度法，其中，基础迭代算法采用共轭梯度法，预处理采用多重网格方法。多重网格方法可看作用普通迭代方法求解经过某个预处理矩阵作用后的代数方程。该方法兼具共轭梯度法与多重网格方法的优点，在多重网格中，衰减较慢的误差可在共轭梯度法中由于 NURBS 基函数阶次的增加而快速衰减。用该方法求解二维和三维 Poisson 方程，结果表明，当 NURBS 基函数阶次较高以及计算三维问题时，该方法比多重网格法求解效率更高。

（2）多物理场仿真模型降阶技术

在多物理场仿真领域，最终求解的大规模线性方程组的自由度少则几十万多则几千万，利用常规方法往往会遇到求解量过大的问题。为了降低计算量，把一个大型系统转化成一个近似的小型系统的过程，称为模型降阶（Reduced-Order Model，ROM）。模型降阶的目的是在保证设定精度的前提下，简化模型，减少计算量。例如，在大规模动力系统和控制系统仿真中，通过减少模型的关联状态空间尺寸或自由度，可以计算出与原始模型相近的数值结果。

模型降阶首先要求与原始模型相比，计算结果的误差在设定范围内，其次是保留原始模型的特征，降阶后的模型需要保证稳定性和有效性。目前的模型降阶方法主要基于实验模型和数值模拟，并且基本上与线性系统有关。建模方法主要分为物理驱动和数据驱动两种。物理驱动将高维系统投影到选定的低维子空间中，子空间有明确的物理约束，从而能够相对准确地对其进行建模；数据驱动直接基于数据建模而不施加物理约束，可看作对数据进行了线性化近似假设。Koopman 理论能合理解释这个过程，其认为一个系统的动态在原有状态空间中是一个有限维非线性算子，在另一个空间中可以将其近似为无限维线性算子。常见的模型降阶方法有正交分解降阶方法、Krylov 子空间类方法、平衡截断降阶方法、动态模态分解（Dynamic Mode Decomposition，DMD）方法等。其中，正交分解降阶方法分为两种，一种是在给定的正交函数基底下对系统的状态变量或者传递函数进行展开来降阶；另一种是特征正交分解（Proper Orthogonal Decomposition，POD）降阶方法，通过系统的近似数据集合构造一组正交基向量来达到对系统进行降阶的目的。

POD 方法的降维原理分为连续形式和离散形式，其优点是能够客观获取均方意义的实验或数值模拟中的 POD 正交模态，以反映研究对象系统数据库中数据集合的特征，是流体力学、热力学和结构力学等领域广泛应用的有效降维方法。通过实验或数值模拟结果计算基函数，使其在最小二乘意义上最优，基函数随后被用于对控制方程进行伽辽金投影。POD 方法也具有局限性，例如，仅限于内积型全局最优条件的情形，基于给定数据库而非 PDE 获取最优截断低维系统。在传热研究中，一般在数值方法的基础上引入 POD 方法，通过伽辽金投影的方式创建降阶模型并进行求解和分析。目前，在传热领域研究较多的是基于有限元的 POD 方法。对于宏观问题的控制方程，可以通过标准的有限元离散，对于微观问题线性化后的方程，可投影到 POD 正交基上。

此外，局部降阶模型特征（Multivariate Predictions of Local Reduced-Order Models，MP-LROM）的多变量预测方法，通过多元输入输出模型来预测局部参数 POD 降阶模型的误差和维数，数值结果说明了基于机器学习的回归 MP-LROM 模型在逼近参数化局部降阶模型特性方面的潜力。由于结合了更多的特征和元素来构建概率映射，该方法可以获得更准确的结果。温度场是电力设备各物理场相互作用的关键环节，研究用常数边界瞬态热传导问题的 POD 模态精确地预测和拟合时变边界瞬态热传导问题解的方法，在实时控制和快速计算中具有重要意义。当问题求解域不变时，对于一般光滑时变边界条件，能够用常数边界情形的 POD 模态准确拟合新的时变边界情形的解。

（3）数据驱动的多物理场仿真

数字孪生可应用于设备状态分析、预测和控制等方面，通过将仿真结果反馈给物理对象，帮助优化物理对象性能以及控制物理对象状态。数字孪生为信息与物理世界之间的交融提供了桥梁。

随着传感器、网络通信等相关技术的进步，动态数据驱动仿真（Dynamic Data Driven Simulation，DDDS）成为一种新的仿真模式。在这种模式中，真实系统的观测数据持续实时地反馈给虚拟仿真系统。借助 DDDS 技术可以实现数字孪生，并避免扩大仿真系统和真实信息-物理系统（Cyber Physical System，CPS）之间的差异。仿真系统与 CPS 之间的差异主要是由于真实 CPS 的高度动态性和仿真数据与模型的不精确性。为了适应动态变化的 CPS，需要利用统计学理论将动态变化信息融合到仿真模型中。此外，获得的数据信息由于 CPS 的不确定性与复杂性经常存在误差，并且由于仿真模型对物理世界进行了一定程度的简化，也将产生误差。基于数据驱动的建模与仿真方法，结合 CPS 的建模与仿真应用需求，以及数字孪生的技术特点，把以仿真模型形式存在的关于真实 CPS 的先验知识，与以测量数据形式存在的关于真实 CPS 的新知识结合起来,得到更加精确的真实 CPS 描述,并动态校正仿真系统模型。该方法包含预测和校正两个环节,利用随机有限集(Random Finite Set,RFS)构建基于 RFS 的仿真模型和传感器模型。最后,利用贝叶斯推理方法把实测数据融合到仿真系统中。

由于数字孪生技术在电力领域的应用正处在探索阶段,在设备通用化建模等实现技术和方法上还存在大量亟须解决的问题。面对类型多样、同类型但型号各异的电力设备,如何建立统一的、扩展性良好的数字模型标准,是数字孪生技术应用于电力设备时首先要解决的问题。为建立具有系统性和良好兼容性的信息模型标准,首先,应在已有的关于电力设备的国际标准基础上,完善补充数字孪生模型架构、通信协议等标准。

其次,应提升电力设备在生产和运行维护环节的数字化建模和过程仿真技术。电力设备是多物理场综合作用的物理实体,当前对设备内部所发生故障的机理和时空演变规律研究有待继续深入。应结合微观理化特性实验研究与宏观运行状态量监测实验研究,辅之以多物理场耦合仿真,进一步完善异常状态的时空演变规律研究,为电力设备的早期故障程度、故障部位的识别提供有效研究手段。

电力设备可测物理量与内部故障之间的映射关系与机理不明确,如何通过外部监测量辅助建立设备多物理场模型并分析作用机理是当前研究的难点。设备物理场的时空演变规律研究将有助于对设备内部的运行状态进行准确评估和预测,多物理场多参数反演也是评估和预测设备状态的有效方式之一。

4. 多物理场仿真软件

随着单场仿真算法的发展及软件计算精度的不断提升,工程仿真及优化已经发挥了替代部分实验的作用。为满足不断提升的设计精度要求,多物理场仿真由于综合考虑了各种影响因素及其相互耦合作用,可以对设备的实际工况进行综合建模及精细分析。随着计算机硬件计算能力的不断提升及软件算法技术的不断发展,高性能计算中心、多核大内存工作站使电力设备精细化的多物理场仿真成为可能并得到普及。目前,对于复杂结构造型、多材料部件组成的大型高压电力设备,仅采用数值计算方法已难以得到满足工程要求的仿真结果。为解决电力设备在面向新型电力系统的设计、制造及运行维护等多场景下遇到的工程设计及优化问题,国内外学者及软件研发工程师基于电磁场理论、材料科学、计算数学、计算机科学等多学科进行交叉融合创新实践,开发了多种单物理场及多物理场仿真软件,并在解决电力设备大场

域、多介质、多物理的复杂工程问题计算中得到越来越广泛的应用。

（1）国外多物理场仿真软件

具有代表性的国外多物理场耦合仿真软件有 ANSYS、Infolytica、COMSOL、Altair、ANINA、Abaqus、Magnet、STAR CCM+等。

其中，ANSYS 是工程仿真领域使用最广泛的多物理场分析软件，也是全球优秀的仿真技术及产品优化设计软件供应商。ANSYS 公司经过不断地并购其他有限元分析产品，软件模块已经覆盖电、磁、热、力、声、流体等各个分支，在专门的工业应用领域都有相应的成熟行业软件模块。

在电磁仿真和电子设计自动化（Electronic Design Automation，EDA）领域，2014 年，Altair 公司与 EMSS 公司达成协议，收购 FEKO 软件产品以及 EMSS 公司在美国、德国和中国的 3 家分公司。2016 年，达索系统收购了电磁和电子仿真领域技术领先的德国企业 CST。2016 年，Siemens 公司收购 EDA 软件公司 Mentor。随着电子技术的持续升级，EDA 软件的作用更加突显。2017 年，海克斯康收购 CAE 公司 MSC。MSC 是全球领先的 CAE 方案供应商，包括面向虚拟产品和制造过程开发的模拟软件。这次收购表明，传统的 CAE 软件公司必须在数字化设计方面有所突破以适应现代技术的发展，为提供更高附加值的产品和服务，需要将实际生产环境中的测量数据与仿真系统紧密结合。2018 年，Siemens 公司收购 Infolytica 公司的 Elecnet 和 Magnet，这两款软件操作简单，能够满足基本的电场、磁场计算需求，是国内外变压器、套管、电抗器等设备生产厂家使用较为广泛的电磁场分析软件。其温度场计算软件 Thermnet 基于既定的稳定边界条件，能进行简单的电热分析，但不能开展流体分析。

在流体领域，2011 年，Altair 收购成立于 1992 年的 ACUSIM 公司，ACUSIM 是领先的高拓展性及高精度的计算流体力学（Computational Fluid Dynamics，CFD）求解器解决方案的开拓者。2016 年，Siemens 公司收购 CD-adapco，CD-adapco 提供涵盖流体力学、传热、固体力学、粒子动力学和电化学等众多工程学科的软件解决方案。同年，达索系统收购 Next Limit Dynamics 公司，其是全球高动态性流体场仿真领域的领导者。2017 年，达索系统收购工程仿真软件创新企业 Exa 公司，通过此次收购，巩固了其在流体无网格领域的技术和市场优势。

COMSOL 作为后起之秀，最初是在 MATLAB Toolkit 上改进的结构分析工具，在 COMSOL 4.0 发布后，凭借多物理场仿真的便捷性和可拓展 PDE

的优势，以及相对完善的前后处理功能，得到迅速发展。其软件构架设计面向多物理场耦合计算，在多物理场控制方程组经过空间有限元离散之后，基于微分方程时间积分器实现了多领域广泛的多物理场耦合计算。其内核是半开放式的，使用户可以根据自己的需求设定模型各区域的控制方程并在界面输入有限元弱形式，因此，在高校使用较多，但在处理复杂工程问题的稳定性和收敛性方面还有待提高。COMSOL 作为多物理场软件实至名归，在前处理层面提供了多种物理场建模功能，同时可以自定义和求解 PDE，这是相比于其他软件最大的优势，但 COMSOL 适用于解决科研中某个单领域问题，而难以扩展到工程领域解决综合工程问题。

商业软件在提供易用性和通用性的同时，也限制了用户只能通过操作界面和规定命令的方式进行使用。当遇到软件功能不能处理的问题时，或想嵌入一种新的算法时则陷入被动。总体而言，现有的商业仿真软件存在使用门槛高、功能复杂、扩展性和互通性欠佳、分析周期长、难以满足实时性要求等问题。为了实现全工况的工程快速计算，发展基于专业定制和二次开发的具有自主知识产权的多物理场耦合技术是未来的主要发展方向。

（2）国产多物理场仿真软件研发策略

国内高校、科研单位以及企业在多物理场软件仿真方面取得长远进步，也开展了不同程度的软件研究开发工作，但是技术路线和侧重点各有不同。大连理工大学自主研发了非线性结构有限元分析系统 Si PESC. FEMS。该系统集成了多种先进的基础理论、模型与算法，提出了开放性、集成化的软件架构；开发了面向多类软件、数据格式的集成环境，构建了集成优化、控制于一体的软件工具。云道智造（Simdroid）公司致力于云端仿真技术的研发，由于起步较晚，产品功能有待完善。英特仿真软件支持混合网格，具有并行计算功能，单场求解模块功能已逐渐完善，但耦合场求解计算精度仍有待更多工程验证。

沈阳工业大学建立了一套电力设备多物理场仿真计算集群工作站和基于GPU 技术的有限元并行计算平台，以及电工钢片及非晶合金等磁性材料先进电磁特性检测平台。

西安交通大学电力设备电气绝缘国家重点实验室仿真计算团队拥有电力设备电磁特性测量、理化分析、仿真计算、结构优化等方面的先进技术，以及大型设备多物理耦合场仿真计算机群，在输变电设备、线路及电站绝缘结构设计和优化方面有深入研究，在电力设备多物理场仿真计算方面积累了大量的科研与工程应用经验。

武汉大学在基于电磁多物理场耦合计算的变压器、断路器、电力电缆、开关柜、高压套管等电力设备热点温度分析方面拥有丰富经验，并于 2000 年提出构建一套开放式的、以电磁场为主线的电气设备多物理场数值分析通用软件平台（Computational Electromagnetics Laboratory，CEMLAB）。该平台以模块化结构的方式允许多人协作开发，在设计时注重其兼容性和可扩展性。同时，在多物理场计算方面曾开发过 ANSYS Maxwell 3D 软件的电热耦合功能模块，并在场–路–机械运动耦合方面开展了大量研究工作。

南方电网科学研究院有限责任公司自主研发的 TRSim 系列软件是依托国内主流 CAD、CAE 底层基座的国产内核前后处理一体化高压电力设备多物理场计算专用软件群，兼容 20 多种主流 CAD 格式，可实现 10^{14} 级跨尺度建模，超千万网格剖分，千万级自由度高效求解以及多种后处理分析功能等，目前已经完成了授权管理模块、前处理模块以及电磁场仿真计算模块的研发，未来该系列软件将继续实现结构力学、热力学、流体以及多物理场耦合等模块的研发。

研发适用于电力设备的国产自主多物理场数值计算软件，实现关键设备的优化设计和特殊问题的多物理场耦合准确分析，是电力工程领域的现实需求。国外商业软件在提供了分析众多问题的便利性的同时，扩展性和交互性欠佳，开发自主可控的电磁场及多物理场耦合核心算法与仿真软件是大势所趋。

▶ 2.3.4 可视化技术

可视化技术是数字孪生的核心展示形式，可以将数据、计算结果、预测趋势、模拟演化过程等数字孪生的处理和应用结果通过有效的载体以数字化的表示方式集中可视化展示出来，让使用者更容易获得数据，理解结论，连接领域以做出更好的判断和决策。

在电力系统的复杂性环境下，很多关键设备在运行中都是处于高电压、大电流、强磁场环境，运行人员无法直接接近。因此可视化对于电力系统的使用者更加友好，可以从外部总体理解高压设备的运行或电力系统趋势。可视化技术可以帮助用户更快地诊断故障，更好地理解电力系统的状态和运行情况，并减少停机时间，进而可以提高电力系统的效率和生产力，从而提高运行维护等决策的准确性，因此对系统的安全稳定运行有着重要意义。

当然，可视化技术也存在一些限制。其中一个限制是需要精确的数据来支持可视化展示。如果数据不准确或不完整，可视化展示可能会导致错误的决策。另一个限制是信息过载。如果可视化展示过于复杂或包含过多的信息，用户可能会感到不知所措，从而导致决策偏差。因此，合理利用可视化技术是数字孪生项目中重要的一环。

在这里主要介绍在电力系统中应用的主流数字孪生可视化技术，诸如平面图表、三维建模、虚拟现实、增强现实、数据可视化技术和地理信息系统（Geographic Information System，GIS）等技术。这些技术被应用在电力系统数字孪生体的各个层级中。

1）组件层级：2D 图表（例如折线图和柱状图）是组件层级中常见的可视化技术，可以将数据转换成易于理解的形式。此外，数字孪生系统还可以使用三维建模软件来呈现单个组件的结构和运行情况，以便用户更好地理解组件的运行原理并对故障进行诊断。这些可视化技术可以帮助用户更好地理解和优化现实世界中的物理系统。

2）设备层级：在设备层级，数字孪生系统通常使用虚拟现实和增强现实技术来呈现整个设备的结构和运行情况。这些技术可以将数字孪生系统的模拟结果与实际设备进行对比，以便用户更好地理解设备的运行状态。

3）系统层级：在系统层级，数字孪生系统通常使用数据可视化技术来呈现单个系统（例如单个变电站）的运行情况。这些技术可以将实时数据和历史数据转换成可视化图表和动画，以便用户更好地理解系统的运行状态和优化方案。

4）地理层级：在地理层级的数字孪生系统中，通常使用地理信息系统（GIS）软件来呈现大型电气化系统（例如电网）的结构和运行情况。这些软件可以将实时数据和历史数据转换成地图和图表（参见图 2-30)，以便用户更好地理解电网的运行状态和优化方案。数字孪生系统所产生的大量数据可以结合 GIS 做展示，帮助用户更好地理解和优化现实世界中的大型电气化系统。

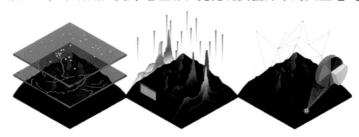

图 2-30　地理信息系统

下面针对各个技术进行进一步的深入讲解。

1. 平面图表

平面图表是数字孪生系统中最基础的可视化技术之一。这些技术通常用于数字孪生系统的组件层级，可以将数据转换成易于理解的形式，例如折线图、柱状图、饼图、散点图等。平面图表的作用是通过图形化的方式呈现数据，以便用户更好地理解数据的趋势、分布和关系。在本节中介绍平面图表（参见图 2-31）的常见类型、常用软件框架以及不同部署目标。

（1）平面图表的常见类型

平面图表的常见类型见表 2-4，主要软件类型见表 2-5。

表 2-4　平面图表的常见类型

类　型	说　明
折线图	折线图是平面图表中最常见的一种类型。折线图通常用于呈现随时间变化的数据趋势。折线图的优点是能够清晰地呈现数据的趋势和变化，但缺点是在数据点较多时，图形会显得拥挤，不易于观察。当这种情况出现时，需要针对应用场景对数据进行聚合。例如，在显示长期电力负荷时，需要将每个月的电力负荷求均值，再进行显示，以提升图表可读性
柱状图	柱状图是一种用柱状表示不同类别之间的比较的平面图表类型。柱状图的优点是能够清晰地呈现不同类别之间的差异，例如不同类型的故障数量、不同地区的用电量数量等。但缺点是不能清晰地呈现数据的趋势和变化，例如在不同时间点的用电量变化趋势
饼图	饼图用扇形表示不同部分占整体比例的平面图表类型。饼图的优点是能够清晰地呈现不同部分占整体的比例，例如设备的健康、预警和报警状态分布。但缺点是不适用于呈现大量类别，因为扇叶的数量过多会使图形显得拥挤，不易于观察
散点图	散点图是一种用点表示两个变量之间关系的平面图表类型。散点图的优点是能够清晰地呈现两个变量之间的关系，例如电力负载和开关柜温升之间的关系。但缺点是不能清晰地呈现数据的趋势和变化，也不能清晰地呈现数据点的密度分布情况
热力图	热力图是一种用颜色表示数值大小的平面图表类型。它通常用于呈现数据在空间上的分布情况。在热力图中，颜色越深表示数值越大，颜色越浅表示数值越小。热力图适合呈现与空间有关的数据，例如太阳能电池板集群的发电效率分布、力学仿真的受力分布情况等
直方图	直方图是一种用柱状图表示数据分布情况的平面图表类型。它通常用于呈现数据的分布情况和频率分布情况。在直方图中，每个柱子表示一个数据区间，柱子的高度表示该区间内数据的频数。直方图的优点是能够清晰地呈现数据的分布情况和频率分布情况，例如用电高峰的时间点、局部放电频谱分析等
2D 直方图	2D 直方图是一种用二维坐标系表示数据分布情况的平面图表类型，类似于直方图和热力图的结合。它通常用于呈现两个变量之间的关系和分布情况。在 2D 直方图中，每个小矩形表示一个数据区间，矩形的颜色或高度表示该区间内数据的频数或密度。相对于散点图，2D 直方图的优点是能够清晰地呈现两个变量之间的关系和分布情况
散点矩阵图	散点矩阵图是一种用多个散点图表示多个变量之间关系的平面图表类型。它通常用于呈现多个变量之间的相关性和分布情况。在散点矩阵图中，每个散点图表示两个变量之间的关联，多个散点图组成一个矩阵，矩阵的对角线上通常是直方图或密度图。散点矩阵图的优点是能够清晰地呈现多个变量之间的相关性和分布情况，但缺点是不能清晰地呈现数据的趋势和变化

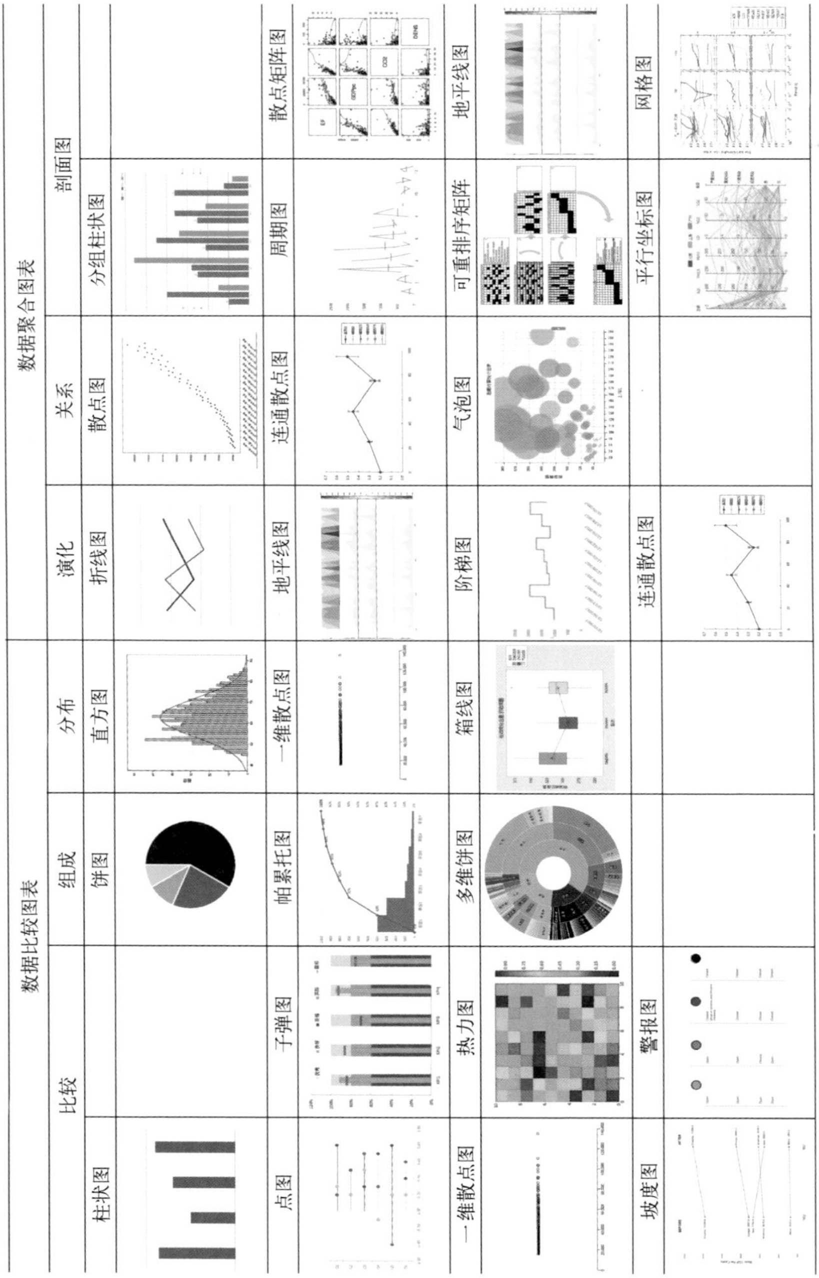
数据比较图表
比较
组成
分布
柱状图
饼图
直方图
点图
子弹图
帕累托图
一维散点图
一维散点图
热力图
多维饼图
箱线图
坡度图
警报图
数据聚合图表
演化
关系
剖面图
折线图
散点图
分组柱状图
地平线图
连通散点图
周期图
散点矩阵图
阶梯图
气泡图
可重排序矩阵
地平线图
连通散点图
平行坐标图
网格图

图 2-31 常用图表类型

表 2-5　主要平面图表软件

软　　件	说　　明
Matplotlib	Matplotlib 是一个 Python 的绘图库，可以用于创建各种类型的平面图表。Matplotlib 的优点是功能强大、灵活性高、易于使用，但缺点是在处理大量数据时，绘图速度较慢。它比较适合研究环境的制图，但不适合用于生产环境中
EChart	EChart 是一个由百度开发的 JavaScript 图表库，可以用于创建各种类型的平面图表。EChart 的优点是功能强大、灵活性高、易于使用，但缺点是需要一定的前端开发经验
D3. js	D3. js 是一个由 Mike Bostock 开发的 JavaScript 可视化库，可以用于创建各种类型的平面图表。D3. js 的优点是灵活性高、可定制性强，但缺点是需要一定的前端开发经验

（2）常用的数据可视化软件

常用的数据可视化软件如图 2-32 所示。

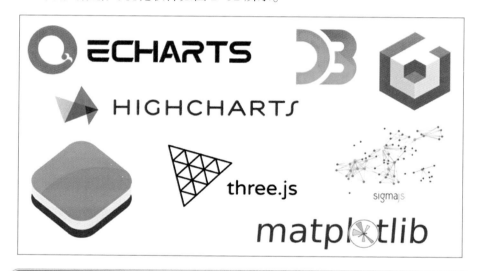

图 2-32　常用数据可视化软件

（3）不同的部署目标

平面图表可以部署在不同的平台上，包括移动端、Web 端、桌面端或跨平台。在移动端，平面图表通常需要适应不同的屏幕尺寸和分辨率，并具有良好的交互性和动画效果。常见的移动端平面图表框架包括 iOS 上的 Core Plot 和 Android 上的 MPAndroidChart。在 Web 端，平面图表通常需要适应不同的浏览器和设备，并具有良好的性能和可定制性。常见的 Web 端平面图表框架包括 EChart、D3. js 和 Highcharts 等。在桌面端，平面图表通常需要具有良好的性能和可视化效果，并支持多种数据源和文件格式。常见的桌面端平面图表框架包括 Matplotlib、Gnuplot 和 JFreeChart 等。这些框架提供了丰富的图表类型和数据处理功能，可以满足不同的需求。例如，Matplotlib 支持折线图、柱状图、饼图等多种图表类型，并支持多种数据源和文件格式。在跨平台方面，平面图表通常需要具有良好的兼容性和可移植性，并支持多种开发语言和操作系统。常见的跨平台平面图表框架包括 Qt Charts 和 JavaFX Charts 等。

总之，平面图表是数字孪生系统中最基础的可视化技术之一。平面图表可以通过不同的图表类型、软件框架和部署目标来满足不同的需求。在选择平面图表技术时，需要根据实际需求来选择合适的图表类型和软件框架，并根据平台的不同选择合适的部署目标。

2. 三维建模

（1）三维建模的常见工具

三维建模是用计算机生成三维模型的技术。在三维建模中，常用的工具有 ProE、ANSYS、SOLIDWORKS、Maya 和 Blender 等。这些工具都有各自的特点和应用场景。

ProE 和 SOLIDWORKS 是偏向工业应用的三维建模工具，主要用于机械设计和仿真，可以对机械零件进行静态和动态的仿真分析，以便设计师可以在计算机上预测零件的性能。SOLIDWORKS 还可以进行绘图和渲染等。值得一提的是，市面上有不少开源的 CAD 工具，例如 FreeCAD。FreeCAD 是一种免费的开源三维建模工具，具有强大的建模和装配功能，可以对各种机械零件进行建模和装配、绘图和渲染等，支持多种文件格式，例如 STEP、IGES、STL 和 OBJ 等。FreeCAD 的优点是免费、开源、易用和可扩展，但缺点是功能相对较弱，不适用于复杂的仿真和分析场景。在选择三维建模工具时，可以考虑 FreeCAD 作为备选方案。这些建模工具可以导出标准的模型文件，用于数字孪生系统的页面显示和 VR 场景的渲染。

ANSYS 是一种偏向工程分析的三维建模工具，主要用于有限元分析和流体力学仿真。ANSYS 具有强大的仿真功能，可以对各种工程问题进行分析和优化，例如结构强度、热传导、流体流动等。ANSYS 还可以进行优化设计和多物理场耦合仿真等。ANSYS 的仿真结果可以导出成数据表单，进而由第三方软件在数字孪生系统中展示仿真的结果。比如，数字孪生的系统设计人员可以设计一条仿真工作流，自动对电力设备进行定时的热学仿真。

每一次仿真的结果可自动从 ANSYS 导出，并由三维渲染工具在网页、移动端或桌面系统进行二次渲染。

NVidia Omniverse 和 Modulus 是一种基于深度学习的仿真和渲染平台。这些平台利用深度学习技术来优化仿真和渲染过程，提高计算效率和精度。例如，在风力发电场仿真中，可以使用 NVidia Omniverse 和 Modulus 来加速风力涡流和风电机组叶片的仿真，以便预测风力发电场的性能和产量。NVidia Omniverse 和 Modulus 的优点是可以实现高效、准确和可扩展的仿真和渲染，但缺点是需要较强的计算能力和对深度学习技术的精深理解。Nvidia 宣称，使用 Omniverse 和 Modulus 助力的仿真计算比传统仿真速度快4000 倍，极大赋能了数字孪生对物理世界的仿真和分析。

MAYA 是一种偏向动画和视觉效果的三维建模工具，主要用于电影、游戏和广告等领域。MAYA 具有强大的建模、动画和渲染功能，可以对各种角色、场景和特效进行建模和渲染，以便制作人员可以在计算机上创作出惊人的视觉效果。Blender 是一种偏向开源社区的三维建模工具，主要用于动画、游戏和建模等领域。Blender 具有强大的建模、动画和渲染功能，可以对各种角色、场景和特效进行建模和渲染，以便制作人员可以在计算机上创作出惊人的视觉效果。Blender 还可以进行粒子碰撞仿真和物理模拟等。需要注意的是，Blender 的仿真是以视觉效果为出发点，并不能保证仿真的物理准确性。因此，它更适合用在大场景表现上，如台风、暴雨、雷击引发的火灾等。当数字孪生系统需要更好的视觉效果（例如渲染智慧城市中电力系统的各种场景），而不是侧重于模型的精准度时，MAYA 和 Blender 这两款软件是更高效的建模工具。

这些三维建模工具各有优缺点，需要根据具体的应用场景和需求来选择合适的工具。在选择工具时，需要考虑工具的性能、功能、易用性和成本等因素。

（2）三维渲染技术

三维渲染是一种用计算机生成逼真的图像的技术。在三维渲染工作流中，常见的步骤是创建形体（mesh）、增加贴图、编写着色器和渲染。渲染包括形体渲染和立体渲染等。这些技术各有特点和适用场景。

网格是一种用三角形网格表示物体表面的技术。在建模过程中，物体表面被分割成许多小的三角形，每个三角形都有一个法向量和一个材质属性。网格的优点是可以表示物体的精细曲面和复杂几何形状。在最新的三维软件上，往往会使用大量的三角形来增加网格的细节。这样做虽然可以使模型看起来更逼真，但也会增加 GPU 的负荷。细节和显示效果之间需要进行小心的平衡。在新型电力系统的三维显示界面中，若简单地对已有的三维模型进行重组和摆放，往往会导致显示界面卡顿、增加系统的渲染负载。在大规模三维建模中，可使用动静态遮挡、动态细节、低多边形建模等方式（参见图 2-33）降低模型对硬件的消耗。传统的建模方式需要美工或工程师手动建模，费时费力。在深度学习技术出现后，往往可以通过神经辐射场（NeRF）或者 COLMAP 等软件技术对物体或者场景快速建模，大幅度降低建模成本。软件自动建模的优点是可以低成本地建立相对准确的模型，缺点是产出的模型存在噪声，不适合于精确的物理仿真。例如，假设研究人员需要对电塔做流体力学仿真，但使用了软件生成的缺陷模型，可能会导致仿真结果出现预料之外的涡流和湍流。

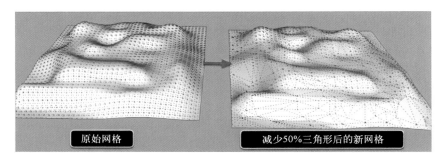

图 2-33 网格优化

在建成网格后，需要对网格增加贴图来表示物体表面的材质。在贴图过程中，物体表面被贴上一张或多张图像，每个图像都包含了物体表面的颜色、纹理和反射属性等信息。同时，需要选择着色器来给予物体真实的材质反射。着色器是一种用程序控制物体表面属性的方法。在着色器中，物体表面的属性是通过程序计算得到的，可以根据不同的参数调整物体的颜色、反射、折射和透明度等属性。着色器可以实现高度的自定义和可调性，但是需要较强的计算和编程能力。在常见的场景中，只需要选择部署平台支持的常规着色器即可。在电力系统的复杂场景中，若场景有较高的渲染负载，可选择更高效、简化的着色器来降低渲染负载。确定着色器后，就可以将网格渲染成图像。网格渲染的优点是可以实现高度的真实感和细节，但缺点是不能表示物体内部的细节和材质。

立体渲染是一种用体素（Volume Pixel）表示物体内部结构的技术。在体素中，物体内部被分割成许多小的体素，每个体素都有一个密度和材质属性。体素的优点是可以表示物体内部的细节和材质，例如热传导仿真等场景，但缺点是需要较强的计算能力和较大的存储空间。它适用于需要表示物体内部结构和细节的场景，例如医学图像、地质勘探、热传导仿真等。在这些场景中，网格渲染无法表示物体内部的细节和材质，因此需要使用立体渲染来实现。

（3）三维模型部署

三维模型部署是将三维模型展示或应用到具体场景中的过程。常见的三维模型部署方式有网页端部署和服务器端部署。

在网页端，可以使用 WebGL 和 three.js 等技术部署三维模型。WebGL 是一种用于在浏览器中渲染三维图形的技术，可以利用 GPU 加速渲染和交互。而 three.js 是一个基于 WebGL 的 JavaScript 库，提供了丰富的三维渲染和交互功能并可以简化 WebGL 的使用和开发。在使用 WebGL 和 three.js 部署三维模型时，需要将三维模型转换为 WebGL 可识别的格式（例如 OBJ、FBX 或 glTF 等），然后用 three.js 提供的 API 和组件来加载、渲染和控制三维模型。除了 WebGL、three.js 之外，Unity Web 是另一种常见的三维模型部署方式。Unity Web 是一个基于 WebGL 和 WebAssembly（WASM）的游戏引擎，可以将 Unity 游戏部署到 Web 浏览器中。Unity Web 利用 WebGL 和 WASM 技术来实现高效、稳定和跨平台的游戏部署，支持多种设备和平台。在使用 Unity Web 部署三维模型时，需要将 Unity 项目转换为 WebGL 和 WASM 可识别的格式，然后可以使用 Unity Web 提供的 API 和组件来加载、渲染和交互三维模型。Unity Web 的优点是可以实现高效、稳定和跨平台的三维模型部署。其强大的引擎支持代码生成场景、素材动态加载、多客户端状态同步，特别适合数字孪生应用中对复杂大场景的呈现，但缺点是需要较强的计算能力和较大的存储空间。由于 Unity 是成熟的跨平台引擎，类似的显示效果也可以直接运用到移动端和桌面端。

在服务器端应用中，可以使用 COMSOL Server 等技术在网页上对三维模型进行浏览和仿真。COMSOL Server 是一个基于 Web 的仿真和部署平台，可以将 COMSOL Multiphysics 模型部署到 Web 浏览器中，以便用户可以在浏览器中进行仿真和分析。在使用 COMSOL Server 部署三维模型时，需要将 COMSOL Multiphysics 模型转换为 COMSOL Server 可识别的格式，例如 MPH

或 MPS 格式。然后，可以使用 COMSOL Server 提供的 API 和组件来加载、仿真和展示三维模型。

无论是在什么平台部署三维模型，都需要考虑性能、安全和用户体验等因素。例如，在网页端部署三维模型时，需要考虑网络带宽、设备兼容性和用户交互等因素，以便实现高效、稳定和友好的用户体验。在三维应用中，网络安全问题时常会被忽略。例如，一些老旧的浏览器虽然支持 WebGL，但这些 WebGL 模块可能存在安全漏洞，允许攻击者远程执行有害代码。又例如，在数据传输时，中间人攻击可能会使三维呈现的可视化结果出现差错。这些网络安全问题仍然需要得到重视。

3. 虚拟现实和增强现实

虚拟现实（Virtual Reality，VR）和增强现实（Augmented Reality，AR）是两种基于计算机技术的人机交互方式，可以将虚拟世界和现实世界相结合，以实现更丰富、直观和有趣的用户体验。虚拟现实是一种通过头戴式显示器等设备将用户置于虚拟环境中的技术，可以实现身临其境的感觉。增强现实是一种通过手机、平板电脑等设备将虚拟内容叠加在现实世界中的技术，可以实现现实与虚拟的融合。虚拟现实和增强现实的应用场景包括游戏、教育、医疗、工业等领域。

（1）虚拟现实和增强现实的技术原理

虚拟现实和增强现实（统称为 XR，X 代表了虚拟（Virtual）、增强（Augmented）或混合（Mixed））的核心技术包括传感器、计算机图形学、显示和交互技术三个方面。传感器（惯性测量单元、摄像头、激光雷达等）是 XR 的硬件基础，可以实现对用户姿态、位置、手势等信息的感知和跟踪。计算机图形学负责对图形内容进行渲染，并根据位置和环境扫描信息，决定渲染的坐标和方式。XR 通过头戴式显示器、投影显示器、平板电脑等硬件设备实现虚拟内容的显示和呈现，并用手柄、手势识别、语音识别等控制方式实现对虚拟内容更便捷、自然、高效的交互。XR 技术（见图 2-34）集空间扫描、定位、三维投影为一体，为用户打造跨越空间的虚拟体验，为电力系统数字孪生提供了独特的信息载体。

（2）虚拟现实和增强现实在电力系统中的应用

XR 技术在电力系统中有许多应用，例如数字孪生、培训和维保等。增强现实可以帮助电力系统运营商和维护人员更好地理解和管理电力系统，提高系统的可靠性和效率。在现场维保的过程中，XR 技术可以显示数字孪生所推算出的潜在故障点，帮助运维人员对故障点进行定位，并在维保过程中为运维人员提供必要的帮助。携带激光雷达、TOF 传感器的 XR 硬件可以对电力设备进行实时扫描，发现现场设备可能出现的破损、脏污等情况，并自动记录这些问题，供数字孪生系统做下一步分析。

图 2-34　XR 技术

人员培训是 XR 在电力系统中的另一个重要应用。XR 可以提供更加生动、直观和互动的培训体验，帮助培训人员更好地理解和掌握电力系统的知识和技能。例如，XR 可以模拟电力系统的操作和维护过程，基于数字孪生的仿真结果，给予受训人员模拟的系统反馈，以便培训人员可以在虚拟环境中进行实践和演练。例如 ABB 公司开发的 MetABB 系统，通过微软 HoloLens 2 头戴式设备，帮助用户直观地了解地理层级、设备层级和组件层级的设备健康状态，并提供模型透视、空手操作等功能，帮助用户实现基于混合现实的中压系统的维保、检测、诊断和培训。此类技术可以大大提高现场维保的效率和安全性，同时也方便远程监控厂区的整体状况，赋能用户做出更好的运维决策。未来，XR 技术将会更加普及和成熟，成为是电力系统数字化转型的重要组成部分，并在电力系统的数字化转型中发挥重要的作用。虽然这些技术还存在一些挑战和限制，例如计算能力、存储空间、安全和隐私等问题，但随着技术的不断发展和完善，这些问题将会逐渐得到解决。

4. 数据可视化技术

数据可视化技术是一种将数据转换为图形或图像的方法。数据往往是以数字、文字、表格等形式呈现的，因此，大量的数据往往很难被人们直接理解和分析。这时候，数据可视化技术就可以帮助人们将数据转化为更加直观、生动和易于理解的图形或图像，以便更好地理解和分析数据。数据可视化技术可以提供更加直观、生动和易于理解的数据呈现方式，帮助决策者更好地理解数据的模式、趋势和关系，从而做出更加高效、明智的决策。

在电力系统中，数据可视化技术也被广泛地应用。电力系统是一个复杂的系统，包括发电、输电、配电和用电等多个环节，它的运行和维护需要大量的数据支持。这些数据往往需要通过数据可视化技术转化为图表、树状图、三维模型等形式，以便使用者更好地理解和分析电力系统的状态和性能。

（1）可视化工作流程

可视化技术是将数据以图表、图形或地图等可视化形式呈现，以便更容易地理解和分析，并帮助用户理解复杂的数据。在本小节中，将会讨论可视化技术从数据处理到挖掘和发现的工作流程，并探讨它在数字孪生中的应用。

如图 2-35 所示，可视化工作流程的第一步是数据处理，这是确保准确表示基础数据的关键步骤。数据预处理的一个典型例子是数据归一化。假设正在将开关柜的负载电流进行可视化，与其用电流绝对值呈现它，不如将电流表示为开关柜最大电流容量的百分比。这种归一化过程可确保数据比例尺一致，方便不同数据集之间的比较和分析。数据预处理还包括其他的方法，包括去除缺失值、处理异常值以及转换数据分布形态等，以使数据更适合可视化。通过仔细的数据预处理，可以确保生成的可视化信息准确、丰富且有效。

数据预处理完成后，可视化工作流程的下一步是选择最佳的呈现方式。选择适合数据和分析任务的呈现方式非常重要。根据不同类型的数据和分析任务，应选用合适的呈现方式。例如，散点图可能更适合探索两个变量之间的关系，而热力图可能更适合可视化地理区域中的数据分布。除了选择最佳的呈现格式外，互动式可视化也非常重要。好的可视化互动工具可以让用户成为数据分析过程的积极参与者。通过允许用户与数据进行交互，可以帮助用户更深入地了解电力系统的状态并做出更明智的决策。互动可以采用许多形式，例如允许用户放大和缩小数据，根据某些标准过滤数据或突出显示特定的数据点。通过互动探索，用户可以从不同角度更详细地探索数据，发现可能不会立即显现的新模式和新关系。互动式可视化还可以帮助吸引用户的注意力并鼓励他们花更多时间探索数据，进而产出更多新的见解和发现。

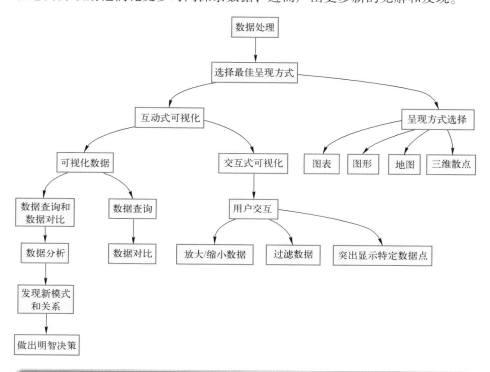

图 2-35 可视化工作流程图

选择呈现方式后，需要对数据进行可视化。这一步涉及创建实际的可视化页面并对其进行改进，直到它有效地传达所需的信息，具体的实施过程涉及前面章节介绍过的可视化软件工具。除了使用软件工具，遵循 UI 指南也非常重要，这可以帮助确保可视化页面直观、易于使用且风格一致。若没有 UI 指南，展示界面会显得混乱，重要信息可能不会被突出显示，色彩编码也可能无法统一，从而导致信息传递错误。类似 Figma 的 UI 设计工具可以帮助页面设计师尝试不同的视觉元素，例如图表格式、状态颜色、大小和形状，并快速迭代设计，直到页面可以有效地传达所需的信息。

为了将可视化扩展到不同层级的数字孪生系统中，构建具有共享显示组件的页面框架非常重要。这涉及创建可复用的显示组件和工具，从而更容易地将数据可视化技术推广到不同的数字孪生层级。共享显示组件可以加速开发进度，并确保数据可视化在不同复杂度的数字孪生级别上风格一致、体验一致、功能有效。

可视化技术工作流程的最后一步是挖掘和发现。在这一步，用户需要使用之前设计好的互动工具探索数据并深入理解电力系统状态。探索性数据分析（Exploratory Data Analysis）是机器学习清洗数据时常用的数据探索方式。这种风格的可视化在这一步特别有用，因为它允许用户与数据进行交互并从不同角度探索数据，发现不太明显但又重要的新模式和关系。

为了进一步简化挖掘的过程，可以在互动工具中加入 Shapley 值、异常检测或可解释 AI 等算法来自动识别数据中的关键点和异常点。这些算法可以突显出潜在的模式、关系或变化，并自动将这些发现呈现给用户，以进行下一步的探索。在大型数据集中，手动标记数据可能是一件困难的工作。正因为如此，基于算法的互动式数据挖掘工具便显得更为有用。

在数字孪生系统的技术框架下，数据可视化可以是对系统进行敏感性分析（Sensitivity Analysis）的有力工具。通过模拟数字孪生系统的响应并对结果进行可视化，可以更好地了解系统在不同条件下的反应。这些信息对于识别系统潜在问题和系统优化十分重要。通过使用数据可视化探索和模拟系统的响应，可以更了解不同参数对系统的影响，并且根据这些见解做出更明智的决策和改进。

（2）可视化技术的应用

数据可视化是电力系统数字孪生的关键组成部分，它有助于理解电力系统的行为和性能。通过以可视化的方式呈现数据，用户可以更容易地识别隐藏在原始数据中的模式、趋势和异常。在本小节中，将通过由 ABB、Microsoft 和 NVIDIA 等行业领导者使用的数据可视化案例来展示数据可视化在电力系统数字孪生中的重要性。

ABB 开发了 ABB Ability™ Asset Manager 云端先进解决方案，它在资产性能管理的简易性和灵活性方面树立了新的标准。该解决方案允许用户通过直观的图形界面随时随地查看和优化其现场设备行为。ABB Asset Manager 主页包含各种 2D 图表，包括健康总览、维保记录总览、最新事件、设备连通性总览、事件趋势和资产风险趋势等种种数据可视化呈现，为用户提供有关资产健康和性能的信息。

微软（Microsoft）的 Azure Digital Twins 3D Scenes Studio 是一个沉浸式的 3D 环境，终端用户可以通过 3D 的方式查看、诊断和操作数据。3D Scenes Studio 允许用户在不依赖 3D 专业知识的前提下，通过 Azure Digital Twins 提供的数据，快速、高效地创建三维数据可视化应用。这些可视化结果可以通过网页浏览器随时随地访问，实现了跨平台的功能。通过数字孪生图和 3D 模型，领域专家可以利用 3D Scenes Studio 的低代码构建器将 3D 元素映射到数字孪生中，并为业务环境的 3D 可视化定义 UI 交互性和业务逻辑。之后，用户便可以在 3D Scenes Studio、3D 查看器中浏览或程序中对 3D 场景进行浏览和交互。Azure Digital Twins Explorer 是微软提供的另一种开发工具，用于查看和操作 Azure Digital Twins 实例中的数据、模型和孪生图。

NVIDIA 与西门子 Gamesa 合作，使用 NVIDIA Omniverse 和 Modulus 创建风电场的数字孪生。研究人员能够模拟风电场内的气流，从而优化风电场的设计。NVIDIA Omniverse 提供沉浸式的 3D 环境，帮助研究人员进行数据探索、了解风电场的复杂行为、最后优化风电场设计。

5. 地理信息系统（GIS）

GIS 是一种用于管理、分析和可视化地理数据的计算机软件系统。在电力系统数字孪生中，可以结合 GIS 来呈现电气化系统的地理信息，例如电力线路和变电站的位置和布局。通过可视化这些数据，用户可以更好地理解电力系统的结构和运行情况，从而更好地进行优化和决策。除此之外，GIS 还可以帮助电力系统管理者建立预期和组织优化方案。例如，GIS 可以将电力系统的运行数据与天气数据相结合，以便管理者更好地了解天气对电力系统的影响，从而有效地规划电力调度。此外，GIS 还可以将电力系统的运行数据与其他数据源相结合，例如市场价格、负荷数据等，以便用户更好地进行优化和决策。这些数据经过整合后，再加以可视化呈现，就可以在更高的维度理解电力系统的状况。

GIS 还可以用在系统层级和设备层级上。在配电或电力营销方面，GIS 可以帮助运维人员快速掌握配电网运行情况，快速受理用户故障报修，并帮助电力抢修人员快速到位。在基础设施管理方面，GIS 可以对电力系统进行实时监测和管理，对电力设备的位置、状态、故障等进行可视化管理和维护，提高电力系统的运行效率和安全性。在智慧电厂中，GIS 可以与 UI 页面结合，进行人员、车辆、设备的定位、监控管理，分析各类监控点位的布控合理性，全面监控厂区的生产状态。通过 GIS 可以将传感器的在线监测点标识出来，并将每个点位的传感器状态以相应的视觉效果进行展示，如对应设备状态的颜色、高亮闪烁警告等。

▶▶ **2.3.5　数据及网络安全技术**

1. 网络安全的概念和目标

按照《中华人民共和国网络安全法》的定义，"网络安全"是通过采取必要措施，防范对网络的攻击、侵入、干扰、破坏和非法使用以及意外事故，使网络处于稳定可靠的运行状态，以及保障网络数据的完整性、保密性、可用性的能力。

其中，对"网络"这个词的定义是由计算机或者其他信息终端及相关设备组成的，按照一定的规则和程序对信息进行收集、存储、传输、交换、处理的系统。网络在形式上包括网络基础设施、云计算平台/系统、大数据平台/系统、物联网、工业控制系统、采用移动互联技术的系统等；在范围上则小到区域网、局域网，大到城域网、广域网。

网络的型式和范围固然不同，但在网络安全上却有一些共同的目标，这在网络安全法的定义也有所体现，其中提到的保密性（Confidentiality）、完整性（Integrity）和可用性（Availability）是网络安全领域广泛认可的关键目标，简称 CIA。

保密性是指网络系统中的数据和信息只能由获得授权合法用户进行访问而不会泄露给非法的第三方。为保证保密性，物理上的措施包括对系统设施进行隔离、屏蔽和控制、限制访问，技术上的措施则包括基于密码技术对数据和信息的流通和使用进行加密、对访问者进行身份鉴别和访问控制、对使用进行记录和审计等。

完整性在狭义上指网络中传输的信息和保存的数据保持完整而不受增删和篡改，广义上还包括具体的网络系统在软件和硬件逻辑上正确无误、组成上完整无缺。为保证完整性，技术上包括对信息和原始系统的加密、备份、特征提取、完整性校验等，其中在很大程度上也依赖于密码技术。

可用性是指系统在所需外部资源可用的情况下，在给定状态和特定时刻，其相关功能是可用的，信息和数据可访问而不受限制。

这三个目标虽有不同侧重点，但相互之间又相互依赖，不可分割，共同构成了网络安全的基本目标，如图 2-36 所示。

图 2-36 网络安全的 CIA 目标

当然，不同的系统在安全目标上具有不同的优先级，例如公司办公系统之类的 IT（信息技术）系统，通常首先考虑保密性，然后是完整性，最后才是可用性；而对于电力系统之类的 OT（生产运营）系统，则首先要考虑可用性，然后是完整性，最后才是保密性。

还要指出的是，网络安全本质上是一种风险控制措施。理论上并不存在绝对的安全，所谓的安全总是在一定的物质和技术条件下，在安全目标和安全投入之间达到一种相对的动态平衡的结果。实现网络安全既要考虑实际系统安全级别的要求，采取适当的措施和投入，又要认识到网络安全是一个动态的目标，需要持续地改进。

2. 电力系统数字孪生面对的网络安全挑战

电力系统是关键的能源基础设施。电力系统中各种设备的状态监视、调节、控制和保护功能需要通过自动化控制系统网络来实现；电力企业的生产经营活动也依赖于相关的管理信息系统网络。一旦相关网络的可用性、完整性和保密性遭到破坏，则可能影响到电力系统的稳定乃至能源安全，因此电力系统对网络安全一直有非常严格的要求。

电力系统数字孪生是新型电力系统数字与物理系统深度融合特征的重要体现，它的应用对网络安全而言既是机遇也是挑战。

一方面，可以通过对孪生系统的研究和分析，帮助发现电力系统实体本身的网络安全隐患，甚至通过对孪生体本身的状态感知提高风险识别能力，这在成本和效率上有天然的优势。

另一方面，数字孪生系统也极大地增加了电力系统遭受攻击的潜在攻击面。因为数字孪生系统本身也可能造成额外的数据、信息泄露，乃至暴露系统本身的安全漏洞，甚至使得通过数字孪生系统攻击对应的电力系统实体成为可能，所以需要对这些风险进行系统分析，并采取可靠的手段予以消除或防范。

3. 电力数字孪生系统网络安全的关键要求

对于数字孪生系统的网络安全，既要系统性地全面分析一般性的需求，也要特别关注数字孪生系统的关键需求——这主要包括数据安全、软件供应链安全和边界安全等。

（1）电力数字孪生系统的数据安全

数据是数字孪生的基础，又是数字孪生系统的重要资产：电力数字孪生系统的建模和仿真需要设备和系统的模型数据；数字孪生系统对物理实体的状态监视以及进一步的分析和预测，需要相关实体的实时运行数据；与运营相关的数字孪生系统甚至需要获取企业的生产和运营数据，乃至相关的员工、客户的个人身份信息等。这些数据的保密性、完整性和可用性必须得到有效保证，还要特别考虑数据的有效性和合规性。

其中有效性要求数据提供方的身份与实际的数据来源一致，而非来自于仿冒的第三方，可以想象，如果不能验证跟随物理设备出厂的模型数据的有效性，则可能从这一根本源头上引入安全风险。

合规性要求数据在其完整的生命周期中符合相关法律法规和合同条款的要求，这在国家出台数据安全法的背景下更需要引起足够重视。

（2）电力数字孪生系统的软件供应链安全

软件供应链是指参与开发应用软件的全部组件，包括硬件和基础设施、操作系统、编译器、编辑器、驱动程序、开源脚本和打包软件以及数据库、测试套件等。

电力数字孪生系统的搭建本身依赖于各种应用软件，这些软件在整个供应链上的安全不容忽视：在供应链的每个环节，都有可能混入恶意代码，这种攻击具有很高的隐蔽性，代价小而收益高，使得这方面的攻击在近年来呈明显的增长趋势；另外在使用开源代码的情况下，这些代码的软件质量和后续支持工作难以得到保证，这本身也是一个巨大的风险；而且各种开源组件因为采用不同的开源许可，其知识产权方面的风险也不可忽视。总之，数字孪生系统必须对软件供应链风险有足够的认识，做好风险评估和风险管控，这方面也有很多成熟的实践可供参考。

（3）电力数字孪生系统的边界安全

边界安全本来是保证具有不同安全级别和要求，但相互连接的网络之间的连接安全，不对彼此造成信息泄露、病毒攻击、网络攻击等网络安全风险。保护边界安全常见的技术手段包括边界路由器、网闸、防火墙、入侵检测和防护等，这些技术本身已经相当成熟。这里强调的边界是在电力数字孪生系统和其物理实体之间的物理的或逻辑的边界。

电力数字孪生系统具有不同的应用场景，既包括基础的模拟仿真，也包括状态跟踪、分析和预测，乃至进一步通过数据和信息层面的连接由数字孪生系统对物理实体系统进行人工或自动的控制和干预。这种最高形式的融合，使得通过数字孪生系统影响物理实体系统的可能性更高，而其影响又特别大，因此保证数字孪生系统和物理实体系统之间边界的安全也成为极为重要的事情，需要特别关注。

4. 典型网络风险及其防护技术和措施

为了实现网络安全，需要采取各种各样的措施和技术手段，从物理手段到技术措施，从底层理论学科到最前端的复杂的保护理论，种类繁多，难以一一列举。

通过对网络安全挑战系统性地加以分析，可以将网络安全风险划分为不同的类别，进而考虑应对各类风险需要采用的技术手段和防范措施。依照这种思路，这里采用 STRIDE 模型先列举典型的网络安全风险，并列举对应的防护技术，其中并不涉及具体的技术细节，如需了解，可参考相关专业资料。

STRIDE 模型是微软采用的用于分析网络安全风险的工具，该模型将网络安全风险分为 6 个类别，包括 Spoofing（仿冒）、Tampering（篡改）、Repudiation（抵赖）、Information Disclosure（信息泄露）、Denial of Service（拒绝服务）、Elevation of Privilege（提权），其具体的含义见表 2-6。

表 2-6 网络安全风险类别

类　　型	含　　义
仿冒	冒充他人或他物，例如使用另一用户的用户名和密码等身份验证信息进行非法访问
篡改	恶意修改数据，包括未经授权更改已保存的数据（如保存的历史数据），更改通过通信网络在两台计算机之间传输的数据
抵赖	抵赖指用户否认执行过某个操作，例如某个用户执行了某项非法操作，但拒绝承认，而系统也无法证明其确实执行过
信息泄露	信息被泄露给本应不该有权访问这些信息的个人，例如用户能够访问其未被授权访问的文件，或者入侵者能够截取在网络上传输的数据
拒绝服务	拒绝服务（DoS）攻击是指系统拒绝向有效用户提供服务，例如使邮件服务器暂时不可用，这影响了系统的可用性

（续）

类　型	含　义
提权	低级用户获得高级访问问权限乃至最高访问权限，这使得其可能拥有更多的能力来入侵或破坏整个系统。提权攻击使得攻击者成为受信任系统本身的一部分，其危害特别巨大

相应地，针对每一类风险，都有对应的安全控制措施，见表 2-7。

表 2-7　安全控制措施

风险类别	安全控制技术	含　义
仿冒	身份验证确认	对用户身份进行认证，可使用用户名+密码、智能卡、短信验证码、数字签名、生物识别等认证方式，或者综合使用上述两种及其以上的认证方式，即多因子认证
篡改	完整性验证	防止恶意更改系统或修改数据，可使用系统完整性控制、数字签名、信息加密等方式
抵赖	防抵赖证据	将操作与用户绑定，包括强身份验证、数字签名、时间戳、安全日志记录和监视等方式
信息泄露	加密和访问控制	对数据和通信进行加密、隔离、访问控制列表等措施
拒绝服务	可用性	系统适当处理所有请求，包括采用访问控制列表、信息和流量过滤过滤、配额、授权等措施
提权	最小授权	仅分配给用户所需的最小权限，包括采用安全边界隔离、访问控制列表、基于角色和组的访问控制、输入验证等

第 3 章

数字孪生在新能源发电
预测中的应用

数字孪生是以数字化方式创建物理实体的虚拟模型，借助数据模拟物理实体在现实环境中的行为，通过虚实交互反馈、数据融合分析、决策迭代优化等手段，为物理实体增加或扩展新的能力。新能源发电功率预测是融合气象学、新能源发电建模、大数据分析、人工智能等技术的交叉学科，是数字孪生技术在新能源发电领域的重要应用场景之一。本章综合考虑影响风力发电、光伏发电过程及功率预测的主要因素，从数据感知、模型搭建、模型演化等角度阐述了基于数字孪生的风电、光伏功率预测技术，为更加实时、准确、高效、智能的新能源发电功率预测模型及系统建设提供论据支撑。

3.1 基于数字孪生的风电功率预测

数字孪生技术在风电功率预测方面的应用是十分广泛的。风电场系统中有许多物理实体，如风电机组、测风塔、气象传感器等，这些物理实体会产生大量数据。数字孪生技术可以把这些数据通过数据传输链条或系统传输到虚拟数字空间中，并通过数据驱动的风电发电功率预测模型进行处理，从而实现风电功率的实时预测。

数字孪生框架主要分为4个部分：现实空间物理模型、虚拟空间数字模型、数据传输系统和实时监测分析系统，这4个部分共同完成了风电功率预测的感知任务。其中，现实空间物理模型是指风电场气象和运行状态感知的物理实体，这些实体可以通过传感器等设备收集对应的数据，并将数据传输到数据传输链中；虚拟空间数字模型是指基于历史数据形成的风电-气象关联分析数据集，对主要气象要素进行特征筛选，通过统计或物理方法进行风电功率的实时预测；数据传输系统是数据存储和传输模块，通过数据传输系统将现实空间物理模型中收集到的数据传输到虚拟空间数字模型中进行分析处理；实时监测分析系统包括误差检测和调整优化功能，当预测误差偏高时，会自动调整模型并进行误差分析，随后向现实物理空间反馈较大偏差数据项，实现风电场系统的实时调整。图3-1展示了风电功率预测数字孪生架构。

基于数字孪生的风电功率预测框架在风电场所处的环境中，通过对多元气象数据的采集、处理与融合，构建现实空间物理模型和虚拟空间数字模型，实现对风电发电功率的实时预测。该框架能够实现高效的数据传输和存储，并且具有自动调整与故障分析功能，可以更加及时地实现风电场预测功率的优化调节，并提升新能源场站的设备可靠性和并网友好性。

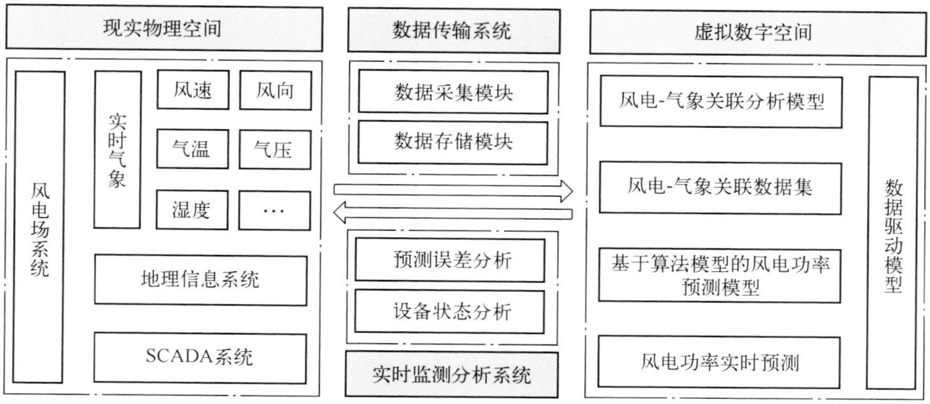

图 3-1   风电功率预测数字孪生架构

▶ 3.1.1   面向风电功率预测的感知技术和数据技术

面向风电功率预测的感知技术和数据技术包括以下几个方面。

1）气象数据采集：风力发电系统的输出受到多种气象要素的影响，如风速、风向、气温、气压、湿度等。因此，为了进行风电功率预测建模，需要从多个源头采集气象数据，并结合实时测量数据进行分析。

2）特征提取和选择：影响风电功率预测建模准确性的数据维度和特征种类繁多，因此需要对其进行特征提取和选择。感知技术可以自动学习从原始数据中提取具有的特征，而数据技术则可以借助统计方法和机器学习算法实现特征选择。

3）数据清洗和预处理：气象数据和风电功率数据中可能存在缺失、异常值和噪声等问题，需要进行数据清洗和预处理，以提高预测模型的准确性和稳定性。

4）建模算法选择：常用的建模算法包括模糊逻辑、神经网络、支持向量机等算法。感知技术和数据技术可以用于优化模型的选择和参数调整，以提高预测准确性。

5）模型评估和优化：针对不同的应用场景和数据特点，需要对已有的预测模型进行评估和优化。感知技术和数据技术可以帮助自动化完成这些工作，并提供实时的模型性能监控和调整。

▶ **3.1.2　基于机器学习的风电场功率预测建模技术**

新能源功率预测是提升新能源发电并网友好性、降低新能源出力不确定性的重要手段。该技术主要利用气象预报数据、气象观测数据、新能源发电数据以及新能源场站位置和设备参数等静态信息进行建模，预测未来一段时间内新能源的出力变化趋势。这一技术能够为电网调度计划和检修计划的制定、新能源消纳及安稳分析等多项业务提供有力支撑。

早期的新能源功率预测主要依赖于物理建模方法和时间序列建模方法，随着数据驱动的人工智能（AI）技术的快速发展，以深度学习为代表的新一代 AI 技术逐渐被应用于新能源发电领域，在具备高质量、长时间历史数据的前提下，有效提高了新能源功率预测的准确性和高效性。相比于传统的物理建模方法和时间序列建模方法等非 AI 方法，AI 模型对高维非线性样本空间具有良好的拟合能力，对于多维特征输入数据有较好的处理和拟合能力，同时也支持对模型输入特征的灵活构建。此外，结合智能优化算法，在数据量及数据质量完备的条件下，AI 模型还可以基于给定的目标函数或函数组合进行参数自动寻优，显著降低依赖人工进行参数调节的工作量并提升模型的泛化能力。尤其是在区域多场站的功率预测、复杂时空特性关联规律挖掘等特殊场景下，AI 模型具有传统非 AI 方法所不具备的优势。

AI 技术在新能源功率预测方面的应用可以分为 3 个方面：模型输入、模型构建和参数优化。其中模型输入包括数据预处理、数据融合和特征构建等方面。模型构建方面主要使用传统机器学习算法，如模糊逻辑、支持向量机、梯度提升决策树和神经网络等；同时还使用了基于深度学习的新一代 AI 技术，如多层卷积神经网络和循环神经网络，并且可以通过使用组合多种 AI 算法的组合预测技术来提高预测精度。模型参数优化方面包括模型训练和模型超参数优化，使用的典型算法包括遗传算法等静态优化算法和强化学习等动态优化算法。AI 技术可以有效地提高新能源功率预测的准确性，使其成为支撑绿电交易、综合能源服务、需求响应等多项新型电力业务的重要技术手段。

AI 技术在当前新能源功率预测模型构建中的应用，主要包括 3 大类算法：传统机器学习算法、以深度学习为代表的新型 AI 算法，以及融合多种模型的组合预测方法。

1. 传统机器学习算法

根据训练数据是否有标签，传统机器学习算法可以分为有监督学习、无监督学习和半监督学习。其中，有监督学习和无监督学习在新能源功率预测领域已有广泛应用，典型算法总结见表 3-1。

表 3-1 传统机器学习算法

类 型	常 见 算 法
无监督学习	K 均值聚类、层次聚类、自组织映射网络聚类、高斯混合模型
有监督学习	支持向量机、人工神经网络、决策树、GBDT、随机森林、k-近邻算法、马尔可夫链

（1）无监督机器学习算法

无监督学习是在无标签样本数据集的情况下进行训练学习，用于揭示数据中内在的一些性质和规律。聚类是无监督学习中最常见的一种任务，其核心思想是将全体样本按照一定的相似性进行分类。目前在新能源预测中，应用较多的聚类方法主要包括 K 均值聚类、层次聚类、自组织映射网络聚类等，常用于对预测场景进行模式识别，再结合各种有监督算法有针对性地进行预测，从而提高模型预测的准确度。

K 均值聚类是一种简单的经典聚类算法，基于历史功率和气象数据建立的向量空间距离作为相似性度量指标，用 K 均值聚类进行历史相似日的聚类。但是由于 K 均值建立在距离度量基础上，其在较高维数据上的有效性有限，并且 K 均值聚类的子类个数选取具有一定的主观性。相比之下，层次聚类更为灵活，其最终得到一个聚类树，因此不需要指定初始的类型个数。文献［4］基于经验正交函数分解（Empirical Orthogonal Function, EOF）得到的空间向量矩阵，采用层次聚类法对风电场子区域进行聚类，从而可更灵活地决定子区域个数。图 3-2 为基于层次聚类的风电场日功率波动类型聚类，由于层次聚类使用的是贪心算法，其计算量也比较大。

此外，进行天气类型分型是新能源功率预测领域常用的前置处理手段，一般也是通过聚类算法实现，基于云量预报信息采用自组织映射网络对天气类型进行聚类，然后根据不同的天气类型分别预测，从而提升预测精度。自组织映射网络用于聚类时类别数量根据算法结果自动确定，且能给出聚类簇之间的相似程度。

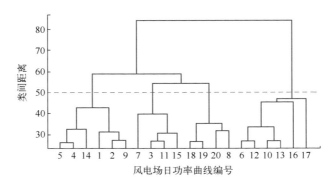

图 3-2　基于层次聚类的风电场日功率波动类型聚类

（2）有监督机器学习算法

有监督学习是从具有标签的样本数据集中，抽象出某种映射关系的机器学习算法，常用于解决分类和回归问题。目前，新能源功率预测领域中应用较多的有支持向量机、人工神经网络（Artificial Neural Network，ANN）、基于决策树的 GBDT 和随机森林以及常用于概率预测的贝叶斯方法等有监督学习方法。

如图 3-3 所示，支持向量机（SVM）的基本模型是定义在特征空间上间隔最大的线性分类器，结合核技巧即可实现非线性分类器的功能，其学习策略就是间隔最大化，优点是在样本量较少的情况下，相比其他机器学习算法，依然能获得比较好的泛化能力。SVM 算法在新能源功率预测领域可用于分类，如使用 SVM 对天气类型进行分类，其对应的回归算法（Support Vector Regression，SVR）一般用于建立预测回归模型。

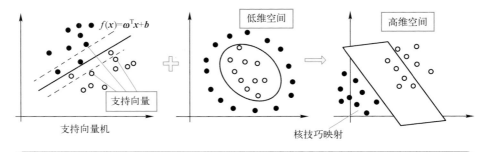

图 3-3　支持向量机和核技巧映射原理

ANN 是模拟人脑的神经系统对复杂信息的处理机制而抽象出来的一种数学模型，由大量简单元件相互连接而成，由于其良好的非线性拟合能力、参数和结构灵活可调，在新能源功率预测领域得到了广泛应用。其中最为经典的结构是多层感知机（Multilayer Perceptron，MLP），但是 MLP 学习过程收敛慢且不能保证收敛到全局最小点；径向基函数神经网络（Radial Basis Function，RBF），其隐节点采用输入模式与中心向量的距离（如欧氏距离）作为函数的自变量，并使用径向基函数（如 Gaussian 函数）作为激活函数，能够逼近任意的非线性函数，可以处理系统内难以解析的规律性，具有良好的泛化能力，并有很快的学习收敛速度，已成功应用于非线性函数逼近、时间序列分析、数据分类、模式识别、信息处理、图像处理、系统建模、控制和故障诊断等领域。

此外，也有学者采用小波神经网络或者其改进版脊波神经网络进行新能源功率预测，小波神经网络将小波函数作为神经网络隐结点的激活函数，相应的输入层到隐含层的权值及隐含层的阈值分别由小波函数的尺度伸缩因子和时间平移因子所代替，从而使神经网络获得时频局部分析的能力。

以上神经网络的参数训练均采用迭代求解的方式，从而逐步逼近最优值，模型训练效率较低，也有学者采用单隐层神经网络的极限学习机进行风电功率区间预测，由于极限学习机网络参数基于伪逆矩阵的方式进行计算求解，因而大大提高了模型的训练速度。

大部分机器学习回归算法都只能直接给出确定性的预测结果，针对新能源概率预测场景，一般在确定性预测基础上对误差分布采用核密度估计等二次建模方法给出概率预测结果。除此以外，基于贝叶斯定理的机器学习算法也常用于概率预测。

2. 基于深度学习的 AI 算法

20 世纪 80 年代，反向传播（Back Propagation，BP）算法的提出使得人们开始尝试训练深层次的神经网络。然而，使用 BP 算法进行训练的深层神经网络效果没有浅层网络好，模型往往陷入局部最优值当中。由于深层网络无法获得满意的结果，人们开始放弃神经网络，转向更容易得到全局最优解浅层模型，例如支持向量机、Boosting 等浅层方法，以至于深度学习出现之前大部分的机器学习技术都使用浅层架构。

2006 年，Hinton 和 Salakhutdinov 在 *Science* 上发表论文，通过逐层无监督贪婪训练首次成功地训练了多层神经，并且在多个公共数据集上取得了非常好的结果。自此神经网络又成为机器学习的研究热点，也标志着深度学习（Deep Learning）诞生了。此后，Bengio 和 LeCun 等人也撰文探讨深度学习的多种关键性技术和原则，并详细探讨了深度学习的学习能力和优势。深度学习作为新兴的机器学习技术，在图像识别、语音识别、自动驾驶等领域都发挥重要作用，人工智能方向最新的研究成果几乎均来自于深度学习。

深度学习算法由浅层的 ANN 演化而来，通过组合多个非线性表征层构建深层网络模型，利用逐层抽象、逐层迭代的机制，实现对数据特征更高阶的提取。当前深度学习算法有几种常见结构：①常用于图像处理与自然语言处理等二维数据的深度卷积神经网络（Deep Convolution Neural Network，DCNN）；②常用于机器翻译、视频标注等的递归神经网络（RNN）和长短时记忆网络（LSTM）；③处理一维数据的深度信念网络（Deep Belief Network，DBN）、深度玻尔兹曼机（Deep Boltzmann Machine，DBM）以及堆叠自动编码机（Stack Auto-Encoder，SAE）等。

3. 组合预测

新能源功率预测受多种因素影响，采用单一的预测模型对新能源功率进行预测，可能在季节交替、出力波动频繁等功率特征或趋势发生突变的场景下出现较大误差。为了更好地利用不同模型的优势，综合利用多种预测模型构建组合预测模型，能够有效克服单一预测模型的固有局限，减小预测误差较大场景出现的概率。新能源功率预测模型按照机理可分为基于物理机理的模型和基于数据驱动的模型。按照模型组合方式的不同，可分为数据驱动组合模型和数据-物理驱动组合模型。

（1）数据驱动组合模型

由于新能源功率预测属于回归问题，一般选择均方误差作为损失函数时，可将期望风险分解为偏差、方差以及噪声之和，即

$$E(h) = b_{ias}(h,x) + v_{ar}(h,x) + \varepsilon^2 \tag{3-1}$$

式中，E 为期望风险值；b_{ias} 为偏差值；v_{ar} 为方差值；ε^2 为噪声值。

按照组合方式的不同，数据驱动组合预测模型又可分为串行组合和并行组合两种。其中串行组合主要通过减小偏差来降低经验风险，而并行组合主要通过减小方差来降低经验风险。随着机器学习算法的不断发展，出现了集成学习的概念，可以将多个个体学习器进行组合来完成学习任务，其中Bagging、Boosting 等常见的集成学习框架可用于构建新能源功率组合预测模型。

串行组合预测模型中各个预测模型或预测环节之间具有强依赖关系，主要包括集成学习中的 Boosting 框架，以及包含新能源功率预测多个环节的组

合预测模型。Boosting 框架可以将一系列弱学习模型提升为强学习模型，其提升方法采用顺序过程，每个后续模型会在先前模型的基础上进行纠正和改进，通过减小弱学习器的偏差来减小总误差，主要是同质集成，即基学习器均为同一类型模型。

而组合预测模型涉及新能源功率预测的全过程，包括模型输入优化、模型预测和误差修正等多个环节，主要是采用不同的模型进行组合，并行组合预测模型中各个模型之间不存在强依赖关系，可同时进行模型的构建和训练，主要包括集成学习中的 Bagging 框架和多模型加权预测方法。

与 Boosting 框架通过减小预测总误差中偏差不同的是，Bagging 框架通过减小弱学习器的方差来减小总误差，通过有放回的抽取构建多个训练样本集，进而同时构建多个子学习模型，对于回归问题采用平均值法对子模型的结果进行加和得到最终的预测结果。

多模型加权预测同样通过构建多种模型进行预测，与此不同的是各模型采用相同的训练集，且最终的预测结果以权重的方式对各模型进行加权求得，代替了 Bagging 框架中简单的平均值法。除了直接将相同的原始序列输入预测模型进行预测外，也可以将原始序列先进行分解，然后针对不同的子序列单独建模预测后再加权。并行组合的常用框架如图 3-4 所示。

图 3-4　并行组合常用框架

（2）数据-物理驱动组合模型

风电场功率预测物理模型是应用大气边界层动力学和气象学理论，将数值天气预报（Numerical Weather Prediction，NWP）系统输出的数据精细化为风电场实际地形地貌条件下的各台风电机组轮毂高度的风速、风向，随后依据风资源气象转化成电力的过程建立风电机组的发电曲线模型，最终获得风电机组、风电场或场群的预测功率。数据-物理驱动的组合模型同时利用物理模型和数据驱动模型对新能源发电功率进行预测，在现有研究中一般将物理模型的预测结果作为基于数据驱动模型的输入变量。考虑到仅利用历史数据的统计模型在较短的时间内预测精度高，但随着预测时间的增加，精度将明显下降，而引入 NWP 数据的物理方法，相当于在未来发电时段引入了相对确定的天气预测信息，在 NWP 数据相对准确的前提下，只需建立准确的风-电转化模型，即可获得具有较高准确率的预测功率数据，从而可以在相对较长的时间里具有较好的性能。

目前，关于数据-物理驱动组合预测模型的研究相对较少，大多数学者重点关注于数据驱动融合模型。但数据-物理驱动模型可以同时兼顾物理模型对预测机理的可解释性，以及数据驱动模型预测的准确性和快速性，具有较好的研究及工程应用价值。

▶ 3.1.3 具有演化能力的风电场功率预测建模技术

除了传统的陆上新能源发电和集中式新能源发电以外，我国沿海地区海上风电以及各类小型分布式新能源也迎来了爆发式增长，对于新能源功率预测而言，由于这些场景设备运行工况更为复杂，气象条件更加多变，模型的场景自适应能力尤为重要。

当前新能源功率预测一般采用"离线训练，在线预测"的方式，将具有确定超参数组合的模型封装上线，存在模型无法针对环境数据进行动态自适应调整、超参数更新不及时、无法实时响应新能源电站运行状态变化等问题，因此当新能源电站环境参数和运行参数等发生较大变化时，模型预测精度可能出现明显下降。

此外，针对新能源功率预测虽然有大量模型和预测方法被提出，但是预测模型往往存在对数据和使用场景的强依赖性、模型泛化能力受限等问题。当前研究采用的组合预测方式通常是多个模型的静态组合方式，而风电功率预测系统采用的主流模型在针对不同场景的超参数自动优化、场景自适应方面覆盖较少。

模型自适应技术的预期效果是可以通过感知自身和环境的变化，动态调整模型的行为与参数，能够在环境发生非预期变化的情况下继续保持高精度预测。以往的自适应技术往往对经验信息和先验知识依赖较大，预测泛化性能不足。随着大数据和 AI 的发展，基于自动机器学习、自动特征工程、神经网络结构搜索、增量样本学习等技术，模型自适应技术能够实现模型参数、超参数与结构的自动调整，从而准确刻画、适应预测对象的变化趋势，全面反映预测对象的不确定性特征，提升风电功率预测模型的泛化性能。南方电网电力调度控制中心面向新型电力系统发展需要，以解决调度实际问题为导向，依托新能源功率预测创新的准入、择优和应用机制，提出一种新能源功率预测创新平台设计方案，构建基于多数据来源、多预测结果的新能源功率智能组合预测模块，支撑研究"网省地场"一体化联动的新能源功率协同预测技术，根据不同场景，实现基于多源数据组合预测的权重自适应优化，自主完成模型、算法的闭环优化，在新能源功率预测动态自适应模型的建立方面迈出了重要的一步。

3.2 基于数字孪生的光伏功率预测

光伏功率预测指的是利用 NWP 数据、卫星图像数据或者光伏场的实测数据并结合光伏电场的实际位置以及周边环境等建立光伏功率预测模型，对未来一段时间内的光伏输出功率进行预测。光伏功率预测方法的分类方式很多，根据预测过程的不同，可分为直接法和间接法；根据建模方式的不同，可分为物理方法和统计方法；根据预测时间尺度不同，可分为超短期、短期和中长期等预测方法；根据预测的空间范围大小不同，可分为设备发电预测、场站发电预测和区域发电预测。

光伏功率预测是提高光伏电站控制、调度性能，保障高比率光伏发电接入的电网安全稳定运行的基础性关键技术。国内光伏功率预测技术研究和工程应用尚处于起步阶段，理清其技术脉络和关键问题尤其迫切。

由于日照的昼夜周期性，光伏电站只能白天发电，是一种典型的间歇式电源；光伏功率受气象、环境条件影响，具有较大的波动性和随机性。这些特性使得大规模光伏发电并网对电网造成不良影响。若能及时、准确地预测光伏功率，将对电网调度及光伏电站运行具有重要意义。

数字孪生技术是充分利用物理实体、传感器以及历史数据库之间的交互仿真，以实现数字虚拟空间与实际物理装备之间高保真虚实映射，进而实现数字孪生体与实体装备全生命周期同步演化。目前，国内外学者已经开展了数字孪生在电力领域的应用探索，并取得了一定研究成果，探索面向光伏发电功率预测的数字孪生技术，对于提升光伏发电功率预测的准确性具有重要意义。

1. 光伏功率预测系统数字孪生技术

根据数字孪生定义，数字孪生的结构体系必须能支撑物理实体、虚拟实体以及双向的信息流动等要素，并在其全生命周期发挥作用。因此，数字孪生体系包含有物理层、感知层、数据传输层、数据处理层、模型层以及决策层 6 个组成部分，光伏发电功率预测系统数字孪生结构体系如图 3-5 所示。

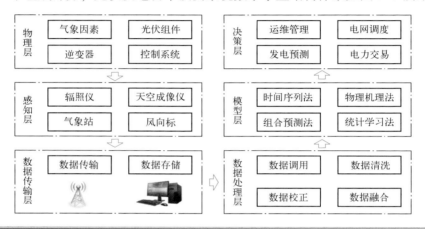

图 3-5　光伏发电功率预测系统数字孪生结构体系

1）物理层：物理层是预测系统数字孪生体的实体基础，主要指光伏电站内的光伏阵列，光伏阵列是光伏发电功率预测系统的能量源和信息源。物理层同时是孪生数据的载体，可为感知层提供包括光伏阵列安装方位角、倾斜角及运行数据、工作环境参数等信息。

2）感知层：感知层是数字孪生体系数据感知接入的媒介，主要由安装在光伏阵列周边环境的传感器及气象站组成，用于收集光伏阵列所处环境的太阳辐射强度、温度、湿度、风速等实时气象数据，从而驱动数字孪生体系正常运作。

3）数据传输层：数据传输层以交换机和以太网为核心，搭建无线网络传输系统，实现气象数据、设备运行数据等的高效传输；采用分布式本地存储与集中式云存储相结合的方式对数据进行全面存储，可根据系统要求，实现数据的动态响应及相互调用。

4）数据处理层：在数据处理层中主要是对获取的多类型数据进行数据

清洗、治理、校验与融合工作，为后续光伏发电功率预测数字孪生模型的建立提供更可靠的数据源。

5）模型层：模型层作为预测系统数字孪生体的核心，是实现光伏发电输出功率预测的关键，可为决策层生成最终的光伏发电功率预测方案提供依据。一方面，模型层将实时气象数据作为统计、物理、组合方法等的输入量，计算得到光伏发电功率预测初始值；另一方面，基于历史气象数据融合修正光伏发电功率预测初始值，得到最终的数字孪生体预测值。

6）决策层：决策层是保证光伏并网安全、稳定的"窗口"，决策层根据处理得到的光伏发电输出功率预测数据，生成相应光伏并网方案，反馈到终端设备以指导电网调度。此外，决策层还可根据设备运行状态信息下达相应运维指令到终端设备，保证光伏发电系统正常工作。

建立光伏发电数字孪生建模的重要环节是建立太阳辐射模型、光伏组件模型、逆变器模型、储能系统模型和系统控制模型等。

1）太阳辐射模型：用于估计太阳辐射的模型，可以基于气象数据、太阳位置等进行计算。

2）光伏组件模型：用于描述光伏组件的工作原理和特性，例如光伏组件的电流-电压特性曲线或功率-辐射特性曲线。

3）逆变器模型：用于描述逆变器的工作原理和特性，例如逆变器的效率曲线、最大功率点跟踪算法等。

4）储能系统模型：如果系统中包含储能系统，需要建立对应的储能系统模型，包括电池的状态估计和电池的充放电特性等。

5）系统控制模型：用于描述系统的控制策略，例如光伏发电系统的功率调节、逆变器的电网连接控制等。

2. 感知技术和数据技术

面向光伏功率预测的感知技术主要包括以下几种。

1）太阳辐射检测技术：可以通过安装辐照仪来感知太阳辐射强度，从而对光伏发电的功率进行预测。

2）温度感知技术：可以通过安装温度传感器来感知光伏电池组件的温度变化，从而推导出光伏发电的功率。

3）气象数据技术：利用气象站收集的天气数据，如气温、风速、湿度、降雨量等数据，通过数学模型和算法来预测光伏发电的功率。

4）电池组件参数数据技术：通过获取光伏电池组件的参数，如电压、电流、输出功率等数据，通过数学模型和算法来预测光伏发电的功率。

5）历史数据分析技术：通过收集历史数据，如光伏发电功率、天气数据等信息，利用机器学习和数据挖掘等技术，建立预测模型来预测未来的光伏发电功率。

影响光伏功率的因素众多，相互耦合。按照太阳能传递和转化过程，主要影响因素包括气象数据、电力系统数据、光伏电池组件数据和周围环境数据等。

（1）气象数据

1）太阳能量：太阳能量是影响光伏发电功率的关键因素。公式中常常使用辐照度、辐射强度、光照强度等指标来量化太阳能量。

2）温度：光伏发电的效率受到温度的影响。通常情况下，温度越高，光伏电池的效率越低。

3）风速：风速对于光伏组件的散热和光伏电池的蓄电池性能都有很大影响。

4）大气压力：大气压力会影响光伏组件的光损耗，从而影响光伏发电功率。

5）湿度：湿度变化对于光伏组件的电池输出功率也有一定影响。

6）云量：云量的变化会影响太阳辐射的强度和波动性，从而影响光伏发电功率预测。

（2）电力系统数据

1）电网电压：光伏发电功率的输出与电网的电压和频率有关，电网电压异常会影响光伏发电功率的进一步传输和利用。

2）网络拓扑：电力系统的网络拓扑结构和分布对于光伏发电功率的传输和利用会有一定的影响。

3）输电损耗：输电线路的长度、材料和负载等因素都会影响光伏发电功率的传输和利用效率。

（3）光伏电池组件数据

1）温度系数：光伏组件的温度系数会影响光伏发电的效率和稳定性。

2）光伏电池的状态参数：像开路电压、短路电流、最大功率点等参数会直接影响光伏发电的功率输出。

3）基础参数和性能指标：光伏电池组件的单位面积的功率输出、标称功率等参数都会对光伏发电功率的预测产生影响。

（4）周围环境数据

1）接地电阻：接地电阻和土壤电导率等参数会影响光伏电池的接地效果，从而影响光伏发电功率的稳定性和可靠性。

2）环境湿度：湿度变化会影响光伏电池的接地效果和污染程度，从而影响光伏发电功率预测的准确性。

3）房屋影响：光伏电池组件被建筑物遮挡的程度会影响太阳辐射强度。

▶ 3.2.2 基于深度学习和迁移学习的光伏功率预测建模技术

近年来，随着太阳能光伏发电系统的普及和技术的提高，对光伏功率预测的需求也越来越高。光伏功率预测建模技术能够利用历史气象数据、太阳辐射数据和光伏电池组件的特性参数等信息，预测未来一段时间内的光伏功率输出，为光伏发电系统的运行和管理提供重要依据。

深度学习和迁移学习技术在光伏功率预测建模中具有广泛应用前景，其主要优势包括以下几点。

1）自适应特征提取：深度学习模型具有强大的自适应特征提取能力，能够自动学习影响光伏功率输出的多个因素之间的关系，并将其转化为高维特征表示，从而提高预测准确性。

2）多源数据融合：光伏功率输出受多个因素影响，如气象条件、太阳辐射等。深度学习和迁移学习技术可以将多源数据融合起来，提高预测模型的综合性能。

3）迁移学习能力：光伏功率预测建模任务往往面临数据不足、标签不全等问题。迁移学习技术能够将已有的相关领域数据和知识迁移到新任务中，提高预测模型的泛化能力和预测准确性。

对于光伏功率预测而言，辐照度最重要的气象因素，云是影响地面辐照度的主要气象要素，云层的生消和运动是引起光伏功率波动的主要原因。因此，基于云图的预测方法成为精细化光伏预测的重要技术方向之一，常用的云图有地基云图和气象卫星云图。

对于云图特征的提取用到的核心关键技术是图像分割、图像去噪等图像处理技术。文献［29］采用基于图像灰度特征的阈值法进行云图图像分割和特征提取，该方法的阈值选取较为困难，对噪声比较敏感，鲁棒性不高。近年来，随着深度学习在图像识别领域的应用，基于卷积神经网络结构的端到端的图像处理技术已经成为主流。文献［30］采用一种云图区域定位算法，在云图中实时定位云遮挡区域，并通过卷积神经网络获取云遮挡影响特征，但是该方法只能提取到云图的空间特性，而动态时间特征提取需结合其他模型获取。文献［31］采用 3D-卷积神经网络（3D-Convolutional Neural Network，3D-CNN）对地基摄像头拍摄的连续云图信息进行处理，从而提取云图特征，由于 3D-CNN 包含了时间维度，因此该方法除能提取出云图的实时纹理特征，也能直接预测出其动态变化趋势。由于云层不仅仅会发生位移变化，还会有生消变化，基于云图预测辐照度比起一般的目标追踪任务难度更大，为了提高模型学习能力需加深模型的层数，过深的模型结构会加大训练难度。文献［32］使用深度残差网络 ResNet-18 基于地基云图对辐照度进行预测，由于引入了残差跳跃连接结构，大大降低了深度学习模型的训练难度。

下面以光伏发电功率超短期预测为例，介绍一种基于 GA-BP 神经网络算法的光伏发电功率预测方法。近年来，BP 神经网络在光伏发电功率预测领域得到了较为成熟的应用。但传统 BP 神经网络若初始值和阈值选取较差或权值调整不当，模型便存在收敛速度慢且易陷入局部最优解等问题，光伏发电功率预测精度也就达不到预期要求。因此，本节在 BP 光伏发电功率预测模型基础之上，采用遗传算法（Genetic Algorithm，GA）对权值和阈值进行优化。若 BP 神经网络预测模型的输入层变量过多，必将导致模型复杂度增加、收敛速度变慢，且预测精度不会有质的提高。目前，常用解决方法是根据相关性分析结果，选取对光伏发电功率影响最大的几个气象因素作为模型的输入量。以河北承德学堂营村后二道洼吕秀连（固德威）光伏发电站为例，发电站 2019 年 9 月的光伏输出功率和历史气象数据的相关性分析结果见表 3-2。

表 3-2　光伏输出功率和历史气象数据相关性分析

气　象　因　素	相　关　系　数
太阳辐射强度	0.9572
温度	0.7634
湿度	0.3380
风速	0.1877

　　根据相关性分析结果，本节最终选择太阳辐射强度、温度及湿度数据作为 BP 神经网络预测模型的输入层变量；输出层即为光伏发电功率预测值。隐含层神经元的数量将影响 BP 神经网络预测模型的数据和信息处理能力。若隐含层神经元数量过多，会增加模型的复杂度及求解计算量，而数量过少，则数据处理达不到精度要求。根据经验公式（3-2），并兼顾 Kolmogrov 隐含层神经元选取法则，最终确定隐含层神经元数量为 8。

$$q = \sqrt{m+n} + a \tag{3-2}$$

式中，q 为隐含层神经元数；m 为输入层神经元数；n 为输出层神经元数；a 为 1~10 的常数。得到最终的 BP 神经网络预测模型拓扑结构如图 3-6 所示。

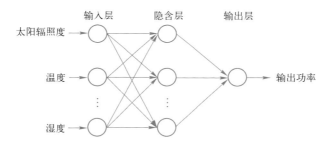

图 3-6　BP 神经网络预测模型拓扑结构

　　由于输入层太阳辐照度、温度及湿度数据的单位、大小均不相同，因此首先需要按式（3-3）对其进行归一化处理：

$$D^* = \frac{D - D_{min}}{D_{max} - D_{min}} \tag{3-3}$$

式中，D^* 表示归一化后的数据；D 表示原始数据；D_{max}、D_{min} 分别表示数据的最大值和最小值。

　　随后，采用 GA 算法优化 BP 神经网络的初始连接权值及阈值。其算法步骤如下：

　　1）编码产生初始种群。在进行遗传算法之前，首先需要随机生成一个初始种群，该种群数量要大于 BP 神经网络所有神经元数量之和。并采用实数编码方式对 BP 神经网络所有参数进行编码，使得种群内每个个体都包含所有的连接权值和阈值。

　　2）设计适应度函数。引入适应度函数，计算种群中每个个体的适应度值，从而选择出最优个体，得到相应的连接权值和阈值。则建立适应度函数

$$\min H = \frac{1}{1+c-f(x)}, \quad c \geqslant 0, c-f(x) \geqslant 0 \tag{3-4}$$

式中，c 是目标函数 $f(x)$ 的界限保守估计值。目标函数 $f(x)$ 为预测输出值相对于期望输出值的绝对误差，即

$$f(x) = |Y_i^* - Y_i|, \quad i = 1 \text{ 或 } 2 \tag{3-5}$$

式中，Y^* 为期望输出值；Y_1、Y_2 分别为隐含层、输出层的预测输出值，用权值和阈值可表示为

$$Y_1 = g_1\left(\sum_{i=1}^{m} w_{ij}x_i + \alpha_j\right) \tag{3-6}$$

$$Y_2 = g_2\left(\sum_{j=1}^{q} w_{jk}x_j + \beta_k\right) \tag{3-7}$$

式中，$g_1(x)$、$g_2(x)$ 分别为隐含层和输出层的激活函数；x_i 为输入层第 i 个节点的输入值；α_j 为隐含层第 j 个节点的阈值；β_k 为输出层第 k 个节点的阈值；w_{ij} 为输入层第 i 个节点到隐含层第 j 个节点之间的权值；w_{jk} 为隐含层第 j 个节点与输出层第 k 个节点之间的权值。

3）遗传算子（选择、交叉、变异）。遗传算法是模拟生物进化过程中的自然选择、优胜劣汰的过程，遗传算子则是实现该过程的核心步骤。本节采用锦标赛选择法，随机挑选初始种群中的部分神经元去运行若干个"锦标赛"，则每个锦标赛的冠军（适应度值最高的神经元）被选择到子代种群中。采用实数交叉法对任意两染色体的某两个基因进行交叉：

$$\begin{cases} R_{ik} = R_{ik}(1-m) - R_{jk}m \\ R_{jk} = R_{jk}(1-m) - R_{ik}m \end{cases} \tag{3-8}$$

式（3-8）表示第 i 个染色体 R_i 与第 j 个染色体 R_j 在 k 位进行交叉操作，其中，m 为 $[0,1]$ 的随机数。同样地，对第 k 个染色体 R_k 的第 i 个基因进行变异操作：

$$R_{ki} = \begin{cases} R_{ki} + (R_{ki} - C_{\max})g(n), & r \geqslant 0.5 \\ R_{ki} - (C_{\min} - R_{ki})g(n), & r < 0.5 \end{cases} \tag{3-9}$$

式中，$C_{\max}$、$C_{\min}$ 分别表示基因的上、下界；$g(n)$ 为表征迭代次数的系数；r 为 $[0,1]$ 的随机数。

运行以上算法，产生新一代种群，对新一代种群进行误差评价。若网络总误差 E 满足精度要求，算法结束；若不满足精度要求，则将该种群作为父代种群，再次迭代以上算法，直到误差达到精度要求，即 $E < \varepsilon$。

$$E = \frac{1}{2} \sum_{k=1}^{n} (Y^* - Y_k)^2 \qquad (3-10)$$

▶ 3.2.3 预测模型演化和自学习方法

光伏功率预测强依赖于天气模态数据样本，其精度在不同天气模态下差异较大，如何获取准确、及时的天气特征以及如何建立不同天气模态下的高精度功率预测模型，将是未来光伏功率预测模型演化及数字孪生需要探索的重要方向。

光伏发电预测模型的演化大致可以分为以下几个阶段：

1）基于气象数据的统计模型。最早的光伏发电预测模型是基于收集到的气象数据，如太阳辐射、风速、温度等建立的统计模型，通过对历史数据的分析和建模来预测未来的光伏发电量。

2）基于机器学习的预测模型。随着机器学习算法的不断发展，光伏发电预测模型也开始运用机器学习算法，通过训练数据来发现数据之间的规律，然后预测未来的光伏发电量。常用的机器学习算法包括神经网络、支持向量机、决策树等。

3）基于深度学习的预测模型。深度学习算法是一种更加高级的机器学习算法，可以处理更加复杂的数据，如图像、声音等。在光伏发电预测中，深度学习算法可以处理多个传感器采集的数据，进行特征提取和分析，并且在训练数据数量足够多的情况下可以获得更好的预测效果。

与风电功率预测相类似，光伏发电功率预测同样也存在针对不同场景无法实现模型超参数的自动学习优化等问题，建立一套适应光伏设备发电特性及光伏发电功率预测的自学习方法，是增强模型鲁棒性、泛化性能并实现模型快速推广的前提。常见的自学习方法包括迁移学习、强化学习、神经进化等深度学习算法，自学习方法的建立使模型能够根据新数据的输入和输出进行自我学习和调整，从而提高预测精度。

第 **4** 章

数字孪生在输变电设备状态评估和故障诊断中的应用

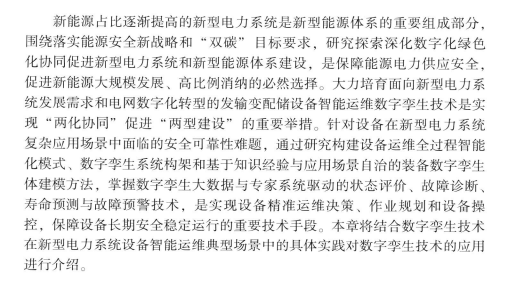

新能源占比逐渐提高的新型电力系统是新型能源体系的重要组成部分，围绕落实能源安全新战略和"双碳"目标要求，研究探索深化数字化绿色化协同促进新型电力系统和新型能源体系建设，是保障能源电力供应安全，促进新能源大规模发展、高比例消纳的必然选择。大力培育面向新型电力系统发展需求和电网数字化转型的发输变配储设备智能运维数字孪生技术是实现"两化协同"促进"两型建设"的重要举措。针对设备在新型电力系统复杂应用场景中面临的安全可靠性难题，通过研究构建设备运维全过程智能化模式、数字孪生系统构架和基于知识经验与应用场景自治的装备数字孪生体建模方法，掌握数字孪生大数据与专家系统驱动的状态评价、故障诊断、寿命预测与故障预警技术，是实现设备精准运维决策、作业规划和设备操控，保障设备长期安全稳定运行的重要技术手段。本章将结合数字孪生技术在新型电力系统设备智能运维典型场景中的具体实践对数字孪生技术的应用进行介绍。

4.1 输电线路数字孪生仿真与故障诊断

输电线路是电网的重要组成部分，线路设备的状况直接关系到电网的安全可靠运行。结合我国远距离、大容量输电的需要，交直流特高压输电线路已相继投入运行。由于高压输电线路分布区域广、沿线气象、地质等环境复杂，必然会对输电线路的安全、稳定运行带来重要影响。当发生故障时，可能造成大面积的停电，给工业和人民的生活带来极大的不便。因此，必须找到一种有效的方法，及时发现故障，判断故障类型，确定故障位置，然后采取相应的手段，在最短时间内解决发生的故障，把因为故障带来的损失降到最低。为了实现输电线路运行状态的全面感知与智能分析，进一步提高输电线路运检的时效性与智能化程度，提高输电线路运检的工作效率。近年来，数字孪生技术和故障诊断技术在输电线路方面的应用越来越广泛，对准确了解和全面掌握输电线路的运行状态，及时发现线路故障和潜在隐患提供了有效手段，对保障线路的安全运行具有重要意义，应用前景十分广阔。

4.1.1 输电线路数字孪生仿真

近年来，数字技术如云计算技术、大数据技术、区块链技术以及人工智能技术等得到了突飞猛进式的发展，它们共同引领着第四层工业革命的发展及演进，在此宏观背景下，数据信息的采集、存储、分析以及共享得到了极大的强化，从生产方式与经济形态上来看，数字蝶变实现了显著的发展。现如今，数字经济已经越来越发展为我国实现高质量发展及不断进步不可或缺的推动力。进入数字经济时代以后，能源以及电力等传统行业迫切需要对生产资料以及知识信息等相关内容进行转化，由数字化要素对其加以替代，打造业务数字化的大局面，对数字资源所具有的各种隐形价值进行挖掘，从整体层面提高电力系统的智能化以及数字化水平。

在电力系统中，输电线路是其非常重要的基础设施之一。为了达到对其运行状态进行全面感知以及智能分析的重要目标，以及在执行输电线路运检作业的过程中，更好地提高其实效性以及智能化程度，为作业效率提供切实保证，本节特针对数字孪生技术在输电线路中的应用展开研究，以期将电力系统输电领域的数字化转型进程加快。

数字孪生似乎可以被简单地解释为以数字化的形式进行的复制，而对其本质含义进行把握，指的则是在信息化平台这一重要载体的运行支撑下，进行一个以物理实体、流程或系统为具体对象的数字化模型的建立，也可以称作对上述要素进行模拟。在数字孪生的支持下，物理实体所表现出来的实际状态能够在信息化平台上得到清晰的展现。更具针对性地来说，数字孪生通过对各项物理反馈数据进行集成，与人工智能、机器学习以及软件分析等相关技术及其应用相结合，完成在信息化平台中数字化模拟的建立。它能够结合具体的反馈信息，展开自我学习，基本上能够在数字世界中实现对物理实体真实情况的实时呈现。对于数字孪生而言，其学习不仅能够以传感器反馈到的各项相关信息为支撑，还能借助于历史数据或集成网络数据来实现。

数字孪生自身本有通用型的架构，结合数字孪生的这一通用架构，以输电线路为面向对象，提出一种特殊的架构，即应用于输电线路之中的数字孪生基本架构，如图 4-1 所示。输电线路物理实体目标可以提供重要的数据来源，由此而形成海量数据。各种类型的采集设备都布设在感知层，在它们的有效运行支撑下，物理实体目标的数据可以被实时且精准地采集下来。而在完成这些数据的采集之后，边缘计算层会执行对它们的汇聚以及分析等相关处理任务。借助于边缘计算设备，边缘计算层能够经由光纤或者无线网络的通信支持将事先处理好的数据进一步向物联层传递，并最终由数字孪生层接收，由数字孪生层结合数据执行建模管理等操作，由此一来，数据可以得到相应的整合，并进一步接受模拟运算。对虚拟以及显示的方式加以采用，交互层能够将很好的人机交互功能发挥出来，具体的交互指令能够向物理层发送，由其做出响应，执行对具体物理设备的控制任务，最终以一种"沉浸式"的效果实现向用户的虚拟化展示。

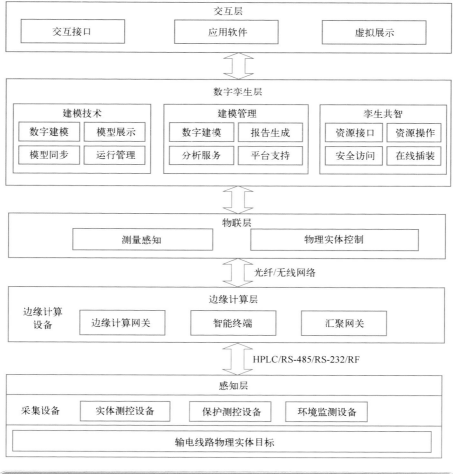

图 4-1　输电线路数字孪生构架图

1）感知层。在输电线路实体目标设备上安装各类传感采集设备，包括实体测控设备、保护测控设备、环境监测设备等。由于输电线路分散的跨度大等，采集设备需要支持无线传输模式，在偏远没有信号的地方还需要使用多跳的方式完成数据传输。

2）边缘计算层。由于感知层设备多、协议杂且地理位置不确定，边缘计算设备通过有线或无线的方式对感知层的多模异构数据进行采集、汇聚或转发上云，该设备集成了协议解析组件、采集组建、转发组建以及边缘计算应用，即使在云端失联的情况下，也能通过边缘计算应用实现对感知层的采集和控制。

3）物联层。为边缘计算设备、感知层直连设备提供安全可靠的注册接入、数据采集、协议解析、数据转发和边缘计算应用下发等核心功能，实现输电线路设备标准化接入和采集数据的共享公用，提升平台"全息感知、开放共享、融合创新"的能力。

4）数字孪生层。数字孪生所构建的输电线路系统仿真模型使用"模型驱动+数字驱动"的混合建模技术，采用基于模型的系统工程建模方法学，以数据链为主线，结合AI技术对系统模型进行迭代更新和优化，以实现真实的虚拟映射。

5）交互层。基于数字孪生的输电线路系统虚拟模型可实现可续与模型之间的实时交互，也可利用语音、动作等技术，建立客户与智能设备之间的联系。同时，也可为第三方客户提供应用接口，实现数据和功能的共享共用。

▶▶ 4.1.2　输电线路故障诊断

电力系统故障诊断是近年来十分活跃的研究课题之一，现代电网互联规模和运行复杂性越来越大，运行越来越接近极限。传统型的故障诊断研究主要针对被诊断系统的网络拓扑结构的模型，根据发生故障时的系统结构和参数变化，导致的系统潮流计算的变化判断出故障。这种方法基于传统的数学方法，采用单一的集中求解，因系统规模、复杂程度和不确实因素的影响难以适应目前电力系统这样一个日趋复杂的大系统的故障诊断问题的发展趋势，系统故障诊断难以达到理想的效果。而人工智能技术则由于善于模拟人类处理问题的过程，善于利用人类的经验以及具有一定的学习能力，并且不需要建立系统的数学模型，因此在这一领域得到了广泛的应用。与传统的故障诊断方法相比，基于人工智能的电力系统故障诊断具有更大的发展潜力和更为广阔的应用前景。

输电线路故障的主要类型包括输电线路冰害、风偏、雷击、污闪、外力破坏、舞动、鸟害故障 7 类。输电线路运维单位接到线路故障信息后，应根据气象环境、故障录波、行波测距、雷电定位系统、在线监测、现场巡视情况等信息初步判断故障类型，并及时安排人员现场巡线。为了更快地查找到故障原因，输电线路的故障分析诊断十分重要。导致输电线路线路故障跳闸的原因可能有雷击（含雷电反击或绕击）或非雷击（如树障、山火、飘挂物、覆冰、风偏、施工机具碰线等），不同故障原因产生的行波电流波形存在差异。

分布式故障诊断系统是由分布式安装在输电线路导线上的监测终端以及中心站、用户系统组成，可进行输电线路跳闸故障点定位及故障辨识的系统。故障定位是确定输电线路故障点的位置。故障辨识是确定导致输电线路故障的具体原因。输电线路行波是指输电线路发生故障，遭受雷击或变电站开关操作等产生的沿输电线路传输的暂态电压、电流波。监测终端是安装在输电线路导线，用于对输电线路的工频电流、行波电流信息进行实时监测、采集、处理、存储及发送的装置。

基于分布式监测的输电线路故障诊断系统是通过分布式安装在导线上的监测终端，获取故障时刻行波电流，准确确定故障位置，并采用智能辨识技术分析故障波形特征，识别故障为雷击故障或非雷击故障。

分布式故障诊断系统一般由监测终端、中心站及用户系统三部分组成。按照供电方式分为感应取能型终端、太阳能型终端和复合取能型终端，按照应用场合分为交流型终端和直流型终端。监测终端按照工作温度、环境温度分为普通型终端、高温型终端和低温型终端。

在系统功能上，分布式故障诊断系统主要包括故障录波、故障定位、故障辨识、故障告警、运行监测等功能。

系统应具备故障录波功能，应能记录故障发生时交流线路的工频电流、行波电流波形或直流线路的行波电流波形；可收集雷击、树障、风偏、山火、鸟害等不同故障类型的行波电流波形，并建立故障行波电力波形数据库。

系统应具有故障定位功能，包括区间定位和精确定位。区间定位是监测终端作为分界点将线路划分为若干区间，故障发生后，应能根据交流线路工频故障电流的方向和大小，或交直流线路行波电流的方向和极性，确定故障点所在区间，缩小故障点查找范围；精确定位，根据行波定位法，应能确定故障点的准确位置。

系统应具有故障辨识功能，应能根据行波电流波形，自动或人工辅助辨识雷击故障和非雷击故障；应能根据行波电流波形，自动或人工辅助辨识雷电反击故障和雷电绕击故障。

系统应具有故障告警功能，线路故障发生后，可将诊断结果以手机短信、Web 发布等方式提供给永辉，实现故障告警。

系统应具有线路运行监测功能，线路运行时，应能实时监测交流线路的运行电流，必要时可监测交直流线路的导线温度；雷雨天气时，应能实时监测线路本体遭受直击雷情况。

▶▶ 4.1.3 基于数字孪生技术的输电线路仿真与故障预警应用案例

1. 输电通道状态精细化管控

（1）场景描述

通过三维激光点云数据采集及精细化建模，采用数字孪生技术及三维 GIS 信息构建全息线路模型，完成线路模型与统一视频平台、输电物联网平台等系统的对接，建立标准化的接口管理协议，实现通道在线监测装置统计、监拍线路统计、输电线路隐患统计、在线监测预警详细信息展示、通道可视化展示等功能。此外，模型可联动无人机管控平台，在执行无人机巡检任务时自动关联巡检图像数据，以此为基础不断迭代完善模型数据，最大限度实现模型与现实一致。

基于上述多元数据贯通可实现数字孪生场景下的输电线路远程漫游轮巡，即在模型中实时展示通道在线监测传感器、可视化监控数据、通道台账信息、漫游巡检轨迹信息、重要交跨和隐患点信息等基础数据，同时实现可视化对比，也可实现故障点定位等实际操作。

（2）实现的功能

1）建立输电线路三维点云模型和精细化模型，将设备管理系统（PMS）台账中设备 PMS-ID 与设备模型绑定。

2）完成 PMS、统一视频平台等系统的对接，开发标准化的接口，接收各系统数据，实现数据结构化和非结构化的存储，并且基于 PMS 台账实现与设备模型的绑定。

3）日常漫游。在孪生平台中，仿真模拟无人机在线巡检的过程，无人机飞到通道或杆塔上方时自动触发该杆塔或线路通道下方的相关数据，模拟人员线下巡检。

4）隐患漫游。将从各系统获得的故障、隐患、告警数据自动定位到相关设备的模型，通过模型 ID 展示该模型绑定的全部信息数据，确定告警具体情况，为检修提供方案。

5）特殊漫游。孪生平台仿真模拟针对特殊区段的定期巡检，调取统一视频、物联网传感器等数据，在线查看设备运行状态。

2. 基于数字孪生的输电线路通道风险预警

（1）场景描述

输电线路通道风险预警主要通过二维通道可视化与无人机巡检覆盖来开展。无人机巡检能够有效发现线路本体缺陷和通道缺陷，但是受巡视频次限制，不能保证发现缺陷的及时性；二维视频监控设备可以使运维人员直观了解现场情况，识别预警线路危险源，但是缺少通道空间信息，无法精确判断危险源、树障隐患位置。两种方式均不具备三维空间精准测距能力，无法满足线路通道实时三维空间的风险预警建设需求，线路通道内仍然存在风险隐患。

在线路已有可视化监控的基础上，通过增加输电线路三维全景智能测量装置、导线测温装置和临近电预警装置，进行三维高精度点云建模、危险源测距预警、工况仿真模拟、三维可视化应用系统建设、功能扩展和提升工作，实现输电线路通道风险预警。

通过输电线路三维全景智能测量装置采集线路通道实时图像，完成线路通道与导线三维高精度点云重建。基于人工智能深度学习图像识别技术，开发出输电线路通道危险源目标检测、姿态识别等算法，对危险源进行智能识别，基于电网推演服务，预测危险源的运动轨迹，再利用对比学习对危险源目标进行跟踪，消除错误的危险源检测结果，提高危险源检测的准确率。在线路通道和危险源三维点云的基础上，融合双目立体视觉技术，实时计算危险源与线路导线之间的距离，实现危险源高精度三维高精度测距与预警。基于电网仿真与推演服务，运用悬线链公式动态模拟在不同的温度、风速、风向等工况条件下导线弧垂的变化状态，将风偏、温度的实时情况与输电线路风偏、温度的极限值进行对比自动提示安全隐患。融合输电杆塔、线路及地形地貌等多源数据，三维实景可视化再现输电线路通道，通过电网推演服务对危险源进行预警分析，对突破安全距离范围的危险源推荐紧急预警策略，实现线路通道危险源的实时预警和管控，解决传统人工运维方式存在效率低、工作量大、危险性高的问题，减少电网故障隐患。

（2）实现的功能

基于电网数字孪生模型，利用电网仿真与推演等数字孪生服务，融合双目立体视觉和三维重建技术，拟实现以下功能应用：

1）实时三维点云模型重建。通过输电线路三维全景智能测量装置采集实时通道图像，对两条线路通道与导线进行三维高精度点云重建。

2）危险源智能识别算法。基于深度学习图像识别技术，智能识别线路通道危险源，基于电网推演服务，预测危险源运动轨迹，对危险源进行智能跟踪，提高危险源识别准确率。

3）危险源安全距离量测。基于电网数字孪生模型和实时重建线路通道和危险源三维点云数据，计算车辆危险源与导线之间的空间距离，结合大型施工机械的临近电预警装置实时反馈的施工机械主要近电部位与带电导线的距离进行相互参考印证。

4）工况仿真与推演。基于电网仿真与推演服务，利用实时生成的线路通道和导线弧垂三维高精度点云模型，对两条输电线路在大风、高温等工况下导线弧垂的变化状态进行仿真模拟和推演。

5）三维可视化互动应用。可视化交互应用系统功能集成，实现现场图像轮巡、算法集成与调用、线路实景三维渲染、通道风险三维可视化等功能。

4.2　变压器多物理场数字孪生仿真和故障诊断

针对电网侧典型设备——变压器，通过采用多物理场仿真技术，构建变压器数字孪生体，监测变压器状态，对变压器进行故障检测识别与诊断，从而保障电能安全高效地传输。

▶▶ 4.2.1　变压器多物理场仿真及耦合分析

油浸式变压器的物理场主要有电磁场、温度场和流体场等。目前有限元法和有限体积法理论已经非常成熟，在对变压器多物理场分析时，一般采用有限元法和有限体积法。

电磁场是变压器在交频电压下完成能量转化的媒介。变压器在正常工作状态下，由于电磁场的作用，变压器能量传输过程中会产生损耗，如变压器铁心损耗、绕组损耗等，这些损耗会影响变压器的运行寿命。对变压器电磁场的分析，可以准确计算出变压器内部的损耗，对变压器相关部件进行设计优化，降低变压器损耗，提高变压器运行效率。

变压器温度场的研究是建立于电磁场的研究之上。变压器内部产生的各部分损耗会转变为热能使变压器内部温度升高。变压器需要通过持续的散热来保证运行中的变压器处于一定的温度限值下，从而保证变压器不会因为温升过高而导致绝缘故障的发生。因此对变压器内部温度分布的研究是很有必要的。

油浸式变压器流体场的研究一般和温度场一同考虑分析。油浸式变压器依靠油箱内的变压器油不断流动来带动热量的分散。变压器油热导率越高，流动速度越快，变压器内部的散热效率就会越高。对流体场的研究可以得到温度分布与流体速度之间的关系。

1. 电磁场

变压器在电力系统中承担着举足轻重的角色。在变压器的设计及其运行分析中，对变压器内部磁场的研究是很有必要的。变压器内部磁场的分布决定了变压器整体的结构设计和性能参数。在过去多年的变压器设计分析中，有限元法因为其分析结果高度的准确性而备受青睐，已经成为主流的电磁场数值分析方法。在一般的求解过程中，使用有限元方法进行求解的步骤如下：

1) 根据实际模型进行假设与简化，建立关于电磁场问题的模型。

2) 根据模型的麦克斯韦方程和相对应的边界条件，建立与之相对应的能量泛函和等价变分问题。

3) 将第 2) 步得到的变分问题转换成常见的多元函数求极值问题。在转换时先将设定好的求解域进行剖分，构造出能够满足有限元的插值函数，将构造好的函数代入能量泛函并离散化处理，转换成多元函数求极值。

4) 通过对每个有限元进行分析，得到各有限元之间的关系，结合边界条件的处理，得到一组联立的关于有限元的方程组。

5) 通过对构建的有限元方程组进行求解，得到边值问题的近似解。

6) 对得到的解进行后处理，得到求解域内各种参数的分布情况。

麦克斯韦对电磁场进行了深度的研究，并用公式给出了电磁场的精髓，即麦克斯韦方程组。麦克斯韦方程组有积分和微分两种形式。因为常规的电力变压器一般都是工作在低频状态下，位移电流为零。式（4-1）~式（4-3）给出不考虑位移电流的麦克斯韦方程组：

$$\nabla \times \boldsymbol{H} = \boldsymbol{J} \tag{4-1}$$

$$\nabla \times \boldsymbol{E} = -\frac{\partial \boldsymbol{B}}{\partial t} \tag{4-2}$$

$$\nabla \cdot \boldsymbol{B} = 0 \tag{4-3}$$

式中，$\boldsymbol{H}$ 为磁场强度（A/m）；$\boldsymbol{J}$ 为电流密度（A/m^2）；$\boldsymbol{E}$ 为电场强度（V/m）；$\boldsymbol{B}$ 为磁感应强度（T）；t 为时间（s）。

在进行仿真分析时，先对实际问题进行简化建模，然后针对求解问题的特点进行网格剖分，最后进行有限元计算和后处理分析。电磁场有限元仿真软件在计算领域的应用十分广泛，可以用于分析变压器在不同工况下的特性，例如静态、瞬态和故障等。电磁场有限元仿真软件的电磁仿真技术十分优越，并拥有多 CPU 处理的功能和性能非常高的矩阵求解器。在进行仿真计算时，求解速度非常快，能够满足用户对仿真的需求。

2. 温度场

在电磁设备中，当线圈中流过直流电或者交流电时，线圈会因有电流的流过而产生功率损耗，产生的这一损耗将会成为电磁设备的热源。对于交流电磁装置而言，磁滞损耗和涡流损耗也是热源的来源之处。这些损耗会促使设备内部温度升高，除此之外，这些损耗产生的热量也会通过介质传递到周围环境中，比如变压器绕组和铁心所产生的热量由变压器油吸收，然后通过变压器油箱与外部环境进行热量传递。

3. 流体场

油浸式变压器散热方式采用自然对流散热，变压器与空气的传热满足热学基本方程，变压器油在油箱内的流动遵循基本的物理规律，同时满足质量守恒方程、动量守恒方程以及能量守恒方程。

质量守恒方程又称连续性方程，连续性方程是基本的力学方程之一。任何形式的流动问题都必须满足质量守恒定律。质量守恒定律可以表述为单位时间内流体微元体质量的增加，等于该时刻流入此微元体的质量。油浸式变压器在运行过程中，当散热系统达到稳态的时候，变压器油箱内的变压器油的密度将不随时间的变化而变化，此时变压器油为不可压缩流体，变压器油密度为常数。

动量守恒方程又称纳维-斯托克斯方程，是任何流动模型必须满足的动量守恒基本定律。动量守恒定律可以描述为流体的微元体的动量对时间的变化率应等于外界作用力之和。因为变压器正常运行时，变压器油温度差较小，所以变压器油的密度变化很小，故密度采用 Boussinesq 模型。Boussinesq 模型假设认为，只有动量方程浮力项中的密度随温度变化，其他守恒方程中的流体密度固定不变。

能量守恒方程，又称伯努利方程，可表述为：微元体上的动能和内能的变化率等于单位时间内质量力和表面力所做的功加上单位时间内给予微元体的热量。此定律也称为热力学第一定律。

4. 电磁-温度-流体场耦合

变压器铁心和绕组温升以及油流分布的计算属于电磁-温度-流体场耦合。采用电磁-温度-流体场顺序耦合仿真方法求解变压器内部温度分布时，第一步需要做的就是对变压器内部磁场进行求解，得到变压器的内部损耗，包括变压器的铁心损耗和绕组损耗。第二步就是要将求解得到变压器的损耗作为热源，对变压器温度-流体场进行耦合分析。在计算温度-流体场时，采用有限体积法，求解出来的变压器内部温度分布，需要根据绕组温度对绕组损耗加以修正，进行迭代计算重新求解变压器温度和流体场，并计算相邻两步温度计算误差，在计算误差满足收敛要求后，即停止计算。计算流程图如图 4-2 所示。

4.2.2 基于数字孪生的变压器故障预测技术

电力变压器故障预测和健康管理 (Prognostics and Health Management, PHM) 对于实现其从传统定期检修转向状态检修和预测检修进而保障设备的健康运行具有重要意义。长期以来，变压器 PHM 技术一直停留在理论研究阶段，缺乏有效的技术体系和平台对各阶段研究成果进行集成和性能提升。数字孪生技术加强了对变压器多物理部件运行参数的监测和集成，通过在虚拟空间多物理多尺度建模实现对变压器综合故障分析，是变压器 PHM 演变的重要方向。

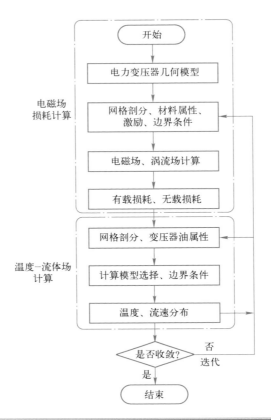

图4-2 变压器多物理场耦合计算流程图

相比于普适的工业 PHM，电力变压器 PHM 包含了更多层次内容：数据采集、数据质量管理、数据分析及特征提取、状态检测、故障诊断、故障预测和维修决策，基本流程如图 4-3 所示。利用多种传感装置对电力变压器运行数据进行采集，然后对数据进行质量管理和分析，提取数据特征，并在此基础上对变压器进行故障检测、诊断和预测，给出变压器运行状态、故障类别位置、故障演化预测等信息，最后基于故障信息进行维修决策、制定维修计划等。

1）数据采集，指利用传感装置等手段获取能够反映电力变压器运行状况的监测数据，如通过温度传感器采集的绕组温度变化数据、利用振动传感器采集的变压器振动信号、利用超声传感器采集的局部放电超声波信号等，为变压器 PHM 提供数据支持。

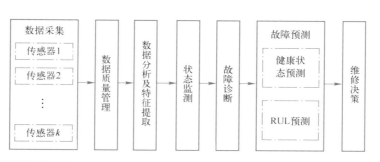

图 4-3 电力变压器 PHM 流程图

2）数据质量管理，包括数据质量评估和数据清洗两方面内容。数据质量评估主要是对数据合规、缺失、坏数据占比、一致性等情况进行评估并设计相应的量化指标；数据清洗则主要解决缺失数据填充、坏数据替换、不合规及不一致数据修正的问题，为后续数据分析提供保障。

3）数据分析及特征提取，指利用统计分析、机器学习等理论工具对数据进行信息挖掘的过程，提取数据的抽象特征，为后续故障分析提供支持。目前，常用的数据分析及特征提取方法大致可以划分为传统方法和智能方法两类。传统方法如统计分析、小波分析、经验模态分解等，通常适用于某类或某几类故障特征的提取，但不足以挖掘出所有故障类型的特征；智能方法通过构建学习器对变压器多传感融合数据特征进行自动学习，智能方法是近年来研究的热点。

4）状态监测，对电力变压器运行状态进行评估，并对评估结果进行分类（如正常、注意、异常、严重等状态），为运维人员是否决定对变压器进行故障诊断提供依据。早期的电力变压器状态监测方法通常在状态量选取方面较为单一，导致状态评估结果的准确性难以满足变压器实际运维需求，随着监测手段的增多和研究的不断深入，基于更加完备监测信息的状态评估体系逐渐形成。

5）故障诊断，指根据故障前的征兆信息，确定故障的性质、程度和部位。电力变压器按故障性质可划分为机械、电和热 3 种类型，而机械故障发生时通常又会以电或热的形式表现出来，因此整体可以划分为电性和热性故障两类。

6）故障预测，包含对变压器未来健康状态预测及剩余使用寿命（RUL）预测，并将预测结果与置信区间关联，为变压器预测性维护提供支持。

7）维修决策，指根据变压器状态监测、故障诊断和故障预测阶段的结果，制定变压器维修计划，如基于状态监测阶段对变压器运行状态的评估结果，选择是否对变压器做进一步故障诊断；同时优化关键部件的修程修制维修策略，实现"3R"（减量化、再使用、再循环）维修目标，提高设备运行的可靠性。

电力变压器的数字孪生可以理解为基于对变压器多传感数据集成，通过构建物理机理和数据驱动模型，在信息化平台实现对变压器物理实体的数字化模拟，且该模拟体基于实时传输的传感数据能够随着物理实体的变化而做出相应的改变。其故障预测便是基于传感数据进行计算多场量分布，而后利用模拟体的多物理场仿真结果数据来预测变压器物理实体的内部场分布，通过判断仿真结果是否异常来判断变压器是否故障。

使用多物理场数字孪生仿真模型来预测故障，其中涉及的关键技术有以下几个方面。

（1）变压器物理实体数字化

变压器物理实体数字化是指利用数字化手段（如激光点云、CAD、SOLIDWORKS、TRSim 等）对变压器进行精细化 3D 几何建模，作为数字孪生体的基础，利用 TRSim-Pre 构建的变压器 3D 模型如图 4-4 所示。通过构建变压器的 3D 数字化模型，一方面可以为运维人员提供良好的视觉体验，直观地获取孪生功能层提供的变压器运行状态、故障类别、位置等信息，获

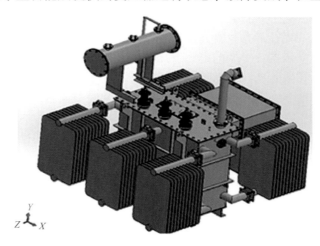

图 4-4　基于 TRSim-Pre 构建的变压器 3D 模型

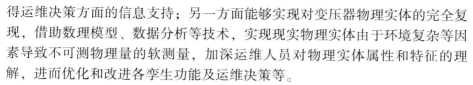

得运维决策方面的信息支持；另一方面能够实现对变压器物理实体的完全复现，借助数理模型、数据分析等技术，实现现实物理实体由于环境复杂等因素导致不可测物理量的软测量，加深运维人员对物理实体属性和特征的理解，进而优化和改进各孪生功能及运维决策等。

（2）变压器状态监测数据采集和管理

变压器状态监测数据采集是指利用先进的传感装置对能够反映变压器运行状态的数据进行采集。分布式光纤温度传感器、应变传感器、气体传感器、局部放电超声传感器、振动传感器、近声场声纹传感器等多种类型传感器在变压器的合理部署和传感网络的安全构建极为重要，采集的温度、压力、油中溶解气体含量等状态量应以精准复现变压器运行状态为最优，同时利用光纤、5G 等通信技术将状态量安全、实时传输至数字孪生体也至关重要，以实现孪生体对物理实体的实时和超现实映射。实时映射主要指孪生体与物理实体实时运行的一致性，基于孪生体可以获取物理实体实时运行信息，如物理监测点实时量测数据；超现实映射则是指基于孪生体可以获取超出物理本体的对其更深刻认知，如变压器现实难以开展直接测量点的软测量、变压器实时运行状况、未来发展趋势等。目前，数据采集方面的挑战主要在于传感装置的精度和可靠性受当前技术发展水平的限制，数据传输的实时性和安全性在实际应用时也应予以重视。

状态监测数据管理主要指数据的存储管理和质量管理。开源分布式存储技术为海量异构状态监测数据的安全、实时存储和访问提供了技术支持，使变压器数据分析和展示具备更充分的信息。数据质量管理的目的在于通过统计分析、规则评判、矩阵恢复等方法对数据合规、缺失、一致性等进行评估及修正来提升数据质量，确保后续数据处理和信息挖掘的可靠性，进而获取更多潜在有价值的信息，加深对变压器机理和数据特性的认知，最终实现数字孪生的实时和超实时属性。目前，状态监测数据存储和质量管理依托于服务器的分布式存储，在进行分布式存储系统集成时，需考虑底层硬件的兼容性，同时优化分布式存储架构和检索方法以确保数据访问的安全、实时性也至关重要。

（3）高性能计算

变压器实体与数字孪生体之间的实时交互及功能实现很大程度上依赖于虚拟空间的高性能计算平台、云边协同计算框架和分布式云服务器等，并在此基础上主要从硬件和软件两个方面进行优化。硬件方面，利用 GPU、

FPGA 等高性能计算芯片构建加速计算体系，可以进一步提高任务的执行速度；软件方面，通过优化数据结构、数据分析算法、数据计算框架等提升数据计算效率，进而满足系统的实时性分析和计算需求。除此之外，减小数据网络传输的时间延迟也十分重要。目前，将高维统计理论、深度学习等大数据分析算法与高性能计算芯片进行集成成为满足变压器数字孪生实时性计算需求可以考虑的一个方向。

（4）多物理跨尺度多层级建模

针对电力变压器 PHM 的状态监测、故障诊断、故障预测等数字孪生功能需求，基于某一个或几个方面因素的单一分析模型通常难以达到实际运维需求标准，因此需要对变压器进行多物理层级建模并将各模型深度融合为综合的模型，确保分析结果的可靠性和可用性。多物理场建模是指对变压器本体、套管、分接开关、冷却系统等多物理部件进行不同层级建模，如针对变压器本体及套管开展性能、缺陷和指标层级的建模，以帮助运维人员结合分析结果制定更为详尽的维修策略。多物理场建模的难点在于不同特性模型的深度融合能力不够且可解释性较弱，同时对传感装置的精度有较高要求，以保证模型实时更新。

多尺度建模是指针对变压器 PHM 功能构建不同时间尺度的模型并进行连接，以满足数字孪生系统回放、超实时推演等功能需求，如针对变压器运行状态预测，构建不同时间尺度的预测模型，通过将各模型连接可以更好地掌握变压器未来运行状况。多尺度建模的难点在于模型的精准度难以控制，通常需要依赖大量数据对模型参数进行不断更新，使得构建的数字孪生体更加精准。

▶▶ 4.2.3 数字孪生技术在变压器应用中面临的挑战以及发展前景

1. 面临的挑战

目前，变压器状态评估中的数字孪生技术架构已经初步建立，众多的研究学者对技术架构中的设备全面感知技术、数据治理技术、模型构建技术进行了研究，取得了阶段性的成果。在实际应用中，各电网公司已经陆续将物联网技术、5G 通信技术、新型传感技术、大数据分析技术、数据挖掘技术、人工智能等技术应用于变压器的状态评估中，初步形成了变压器状态评估数字孪生技术应用体系，且已经落地应用，取得了较好的应用成效。然而，结合实际的业务需求以及现场的各种工况，数字孪生技术在变压器状态评估中

的应用仍然存在一些问题和挑战：

1）用于感知变压器各类关键状态量的高稳定、高可靠传感装置仍较少。相关传感装置对材料、组装、封装等要求较高，很难进行批量生产，且部分传感装置仍停留在仿真模拟以及实验室测试阶段，距离现场大规模应用还有较大差距。

2）变压器在生产及组装过程中的尺寸、材料、工艺、环境、流程、组装等过程的数据与设备投运时型式、例行、特殊试验数据以及设备的在线监测数据、离线试验数据、运维数据、资产管理数据等均存储于不同业务部门或不同业务系统，存在数据标准不统一、接口协议不一致、数据形式多样、数据结构复杂、种类繁多、时间尺度不一致、体量巨大等问题，使得融合、分析、处理这些数据的困难较大，是构建变压器数字孪生模型的较大挑战。

3）在建立变压器的数字模型时，通常忽略现场特殊的运行工况。由于特殊运行工况是偶发的，很难在建立模型时对其进行全面考虑，因此极大程度上影响设备数字孪生体对其运行规律的表达。

4）如何将变压器设计、制造、运维过程中的各类专家经验、知识库与数字孪生体进行有机融合，实现基于知识协同、知识图谱的模型构建，是提高数字孪生功能模型准确率面临的挑战。

5）变压器结构复杂、部件众多，在数字孪生体构建过程中涉及的技术体系内容较多，因此数字孪生体模型复杂度高，不易被理解。而如何基于可视化技术，将设备数字孪生过程进行直观展示，更高效地服务运维人员和管理人员，是推动数字孪生技术快速发挥的重要一环，但同时也是较大挑战。

6）变压器的数据众多、体量极大，而数据清洗、模型构建等算法的复杂度较高，给数字孪生体构建过程中的存储能力、计算能力等均带来了较大挑战。

7）考虑到变压器的安全直接关系到电力系统稳定和能源供给安全，因此完善的数据分享与开发机制和严格数据安全管理也成为构建变压器数字孪生体需要重点关注的问题。

2. 发展前景

得益于大数据、云计算、物联网、移动互联网、人工智能等新兴技术的快速发展，作为促进数字经济发展、推动社会数字化转型重要抓手的数字孪生技术已建立了普遍适应的理论技术体系，并在智能制造、智慧城市、智慧交通等领域得到了较为深入的应用。在电力领域，将数字孪生技术应用于变压器及其他输变电设备状态评估中，对设备从生产、组装、投运、运行、检修以及退役的全过程数据进行深度感知，对数据进行深度融合与治理，构建输变电设备状态评估的数字孪生体，实现指导检修、服务调度、资产管理升级的数字孪生技术体系已经初步形成。而新材料技术、量子通信技术、量子计算、芯片技术、融合人工智能和物联网技术等前沿技术的持续发展，也必然会推动数字孪生技术不断发展和完善，其在变压器及其他输变电设备状态评估中的应用也具有广阔的发展前景：

1）随着信息安全、数据安全、通信安全技术的不断提升，实现变压器设计、制造、监测、运维、退役全过程的数据交互与实时反馈将成为可能，将运维过程以及退役过程中的数据与设备设计和制造过程进行交互，实现数据的实时感知和实时反馈，将会有效推动设备工艺升级，从而提升设备可靠性，保障电网安全。

2）打破目前变压器及其他输变电设备状态评估的数据、技术壁垒，将脱敏之后的输变电设备数字孪生体向第三方开放，实现包括设备厂商、电网企业、高等院校、科研院所、互联网技术开发企业等上下游企业间的数据集成以及价值链、技术链的集成，实现价值协同、技术协同，从而进一步推动变压器及其他输变电设备状态评估中数据孪生技术的发展，以保证设备状态评价的安全可靠运行。

4.3 风电机组设备故障诊断

第2章提出了数字孪生在电力领域应用的架构，基于风电机组运行状态、风电机组叶片载荷、风电机组传动链振动等数据感知技术，获取风电机组的运行状态数据与大部件振动数据，并建立了知识与数据双驱动的风电机组的状态评估孪生体模型，通过实体与孪生体之间的数据交互，将模型计算结果用于风电机组的运维及检修，如图4-5所示。

▶▶ 4.3.1 风电机组部件故障对风电出力的影响

通过对风电场运行及发电量损失根源进行分析，发现风电机组发电性能劣化导致的损失电量占比较高，而风电机组数据采集与监视控制（SCADA）系统并没有针对性能劣化的诊断机制，运维人员无法及时发现或识别出性能不佳的机组。由于影响机组发电性能的原因很多，找到具体原因需要专业的风电机组控制技术，现场运维人员很难有效诊断出影响发电性能的详细原因，因此造成风场性能损失问题无法落地解决，电量损失较大。

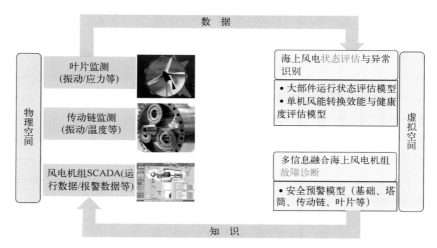

在风电机组运行中，通常采用功率曲线作为评价机组处理的依据，功率曲线指风力发电机组输出功率和风速的对应曲线，是描绘风电机组净电功率输出与风速的函数关系图和表。风力发电机组实际运行的功率曲线反馈了机组的实际效率，实际功率曲线的优良反映了机组的经济性。

标准功率曲线是在标准的工况下，根据风电机组设计参数计算给出的风速与有功功率的关系曲线。标准功率曲线所对应的环境条件是：温度为 15℃，1 个标准大气压（1013.3 hPa），空气密度为 1.225 kg/m³。风电场的实际工况与标准功率曲线给定的环境条件之间存在很大的差异，这就决定了实际运行的功率曲线与标准给定功率曲线的区别，如图 4-6 所示。

当实际功率曲线高于标准给定功率曲线时，风电机组会处于过负荷状态，损害机组，减少机组运行寿命。当实际功率曲线低于标准给定功率曲线时，会造成发电量下降。

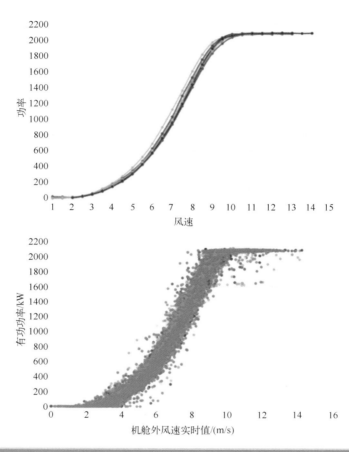

图 4-6　功率曲线及其散点图

1. 风速仪故障对风电机组出力的影响

风电机组偏航控制的风向信号来自机舱上方风向标，风电机组实现正确偏航的前提是保证风向的准确性。由于风向标受风轮转动影响，采集的风向值与实际值之间存在一定偏差，影响风电机组的发电量；同时当风电机组长时间运行后，持续的变桨运动导致叶片零度桨距角与设定值产生一定的偏差累积，且风场风况的逐年变化导致叶片的设计零度桨距角已不符合实际最优运行状况，导致风电机组在不同风速下的转矩偏离设计值，风电机组的转速转矩无法按照控制系统设定的情况下运行，影响风电机组的发电量。

偏航控制系统在风电机组的发电中起着重要作用，作为控制机舱正确对风的主要系统，它直接影响了要捕获的最大可用风能。然而，风电机组在运行过程中会产生一定的偏航误差，按照种类可分为偏航静态偏差和偏航控制策略误差。偏航控制策略误差是由于偏航系统未及时完成对风操作，即在偏航时间阈值这一时间段内平均风向与机舱夹角超过偏航偏差阈值，才执行偏航动作。本章主要研究静态偏差，对于偏航控制策略误差下面章节会详细介绍。静态偏差是由于风向标长期处在恶劣的环境中，并且未进行定期校准操作，导致对风向的测量不准确，无法捕获最大风能。

风电机组捕获功率为根据以下公式计算得到

$$p = \frac{1}{2}\rho A C_{\mathrm{p}} v^3 \qquad (4\text{-}4)$$

式中，p 为风电机组的功率；ρ 为风电机组轮毂处的空气密度；A 为风电机组风轮的扫掠面积；C_{p} 为机组风能利用系数；v 为机组处的风速。

假设风电机组存在静态偏航误差时，可得此时机组的实际功率计算公式为

$$p' = \frac{1}{2}\rho A C_{\mathrm{p}} v^3 \cos^3\theta \qquad (4\text{-}5)$$

式中，p' 为偏航误差时风轮吸收的功率；θ 为偏航角误差。

进一步计算可得到偏航误差造成的功率损失为

$$\Delta p = \frac{1}{2}\rho A C_{\mathrm{p}} v^3 (1-\cos^3\theta) \qquad (4\text{-}6)$$

在风电机组运行过程中，偏航系统作为实现风轮有效对风的执行机构，在风电机组中扮演着重要的角色。由于风电机组运行条件复杂，受风电机组叶轮扰动的影响，使得风轮不能实现完全对风，降低了风能捕获率。偏航误差对发电性能的影响，可通过式（4-6）得出，机组的功率损失与静态偏航误差余弦的三次方成正比。在实际运行中，偏航误差会达到十几度，以 15° 的静态偏航误差为例时功率损失会达到 9.9% 左右，影响明显，所以对风电机组对风偏差进行有效分析并及时发现显得十分重要，这不仅可以提高风轮风能的捕获率，提高风电场的经济效益，也为风电场运维人员提供技术支持，实现风电机组稳定运行。通常采用的技术手段包括采用激光测风雷达或采用数据驱动的方法，在后续章节中将有具体介绍。

除以上提到的对风偏差会对机组功率造成影响外，叶片机械对零存在偏差也会造成机组出力下降，根据风电机组功率计算公式

$$p = \frac{1}{2}\rho A C_p v^3$$

可知若风能未有效利用，则也会导致功率曲线产生偏差。风力发电机组在调试阶段需以叶片机械的零位置为基础对叶片进行位置对零，若机械零位存在偏差，叶片的桨距角会直接受到影响，间接影响风电机组的风能利用系数，导致输出功率出现偏差影响功率曲线。因此，若功率曲线存在问题，可检查叶片角度是否在设计的最优角度，如果叶片机械对零不准，应该按照原来的设计角度进行调节。

2. 叶片故障对风电机组出力的影响

叶片是风力发电机中的关键部件之一，其良好的设计、可靠的质量和优异的性能是保证机组正常运行的决定性因素，在机组实际过程中受到天气等因素的影响，叶片污染、叶片覆冰问题会造成风电机组功率曲线的符合度降低，无法达到理论发电量。

我国南方低风速区域植被覆盖较好，水汽充足，属于低温高湿气候，并且冬季经常是霜雪天气。当风力发电机组遇到低温潮湿和霜雪天气时，风电机组叶片容易覆冰，尤其对于高海拔地区，如云南、湖南、贵州等地区的山地风电场，风电机组叶片覆冰现象明显。

从发电功率来说，较轻的覆冰会让风电机组叶片载荷增加，相同风速下功率出现明显下降，甚至会严重偏离设计功率曲线，使得机组功率有一部分损失；而严重覆冰会导致机组停止运行，输出功率为零。

叶片表面的结冰将减少叶片翼型的升力，阻力有所增加，从而导致降低风力涡轮机的风能转换效率。经过研究，叶片的结冰会产生不平衡质量载荷，还会产生很大的空气动力学载荷。随着风速继续增加，叶片速度和转矩会非常缓慢地增加。在高风速的情况下，风轮的低速运行会导致风电机组的系数不符合标准。此外，叶片上覆有冰，该装置经常会产生更大的振动。当这种振动逐渐增加时，就会导致风电机组停止运转。叶片的结冰对其表面的粗糙度也会有所影响，降低符合标准的叶片的原始空气动力性能。当雨雪变得更糟并且结冰情况变得越来越多时，转矩可能从正转矩下降到零甚至是负转矩，从而导致设备停止运转并严重影响设备的发电量。在长时间降雨、降雪和结霜的地区，由于结冰而造成的电力损失可能达到年发电量的 0.005% ~ 50%。

文章"叶片覆冰对机组性能的影响及应对方案研究"的案例中，风电场于 2020 年 1 月 6 日~2 月 7 日经历了 4 轮雨雪冰冻天气。期间，最低温度为-4℃、平均风速为 9 m/s、最大风速为 17.75 m/s、平均湿度为 95%，共计 14 天出现机组叶片覆冰停机，无机组限功率运行情况。

为了对比样机 15#机组除冰系统的运行效果，选择 15#样机附近的 16#机组作为对比机组。覆冰运行期间 15#平均风速为 8.89 m/s，16#平均风速为 9.02 m/s。图 4-7 为 15#加装除冰系统后初次叶片覆冰的运行效果图，图中风速数据为两台机组平均值。

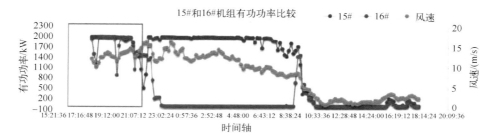

图 4-7　15#加装除冰系统后初次叶片覆冰的运行效果

图 4-7 中方框位置机组功率有较大波动，叶片逐渐出现覆冰情况，15#气热除冰系统启动后正常运行，16#因叶片覆冰停机。

2020 年 1 月 15 日开始冬季另外一轮覆冰天气，图 4-8 为该轮覆冰机组的运行数据，左框中 15#机组因其他系统故障导致停机，消缺后恢复运行。右框位置满足叶片覆冰条件，15#机组除冰系统启动，机组正常运行，而 16#机组因叶片覆冰逐渐停机。

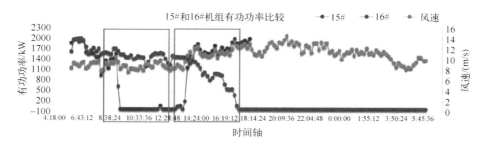

图 4-8　又一轮覆冰机组的运行数据

3. 传动链故障对风电机组出力的影响

风电机组的传动链结构可以按照有无齿轮箱区分，如无齿轮箱的直驱机组、含有齿轮箱的双馈风电机组和半支取机组。在具有齿轮箱的传动系统中，齿轮箱的功率损失主要是由于摩擦产生热量造成的。

风电机组采用大型齿轮箱结构，在风电机组运行中，尤其对于大风天气机组满负荷运行，齿轮箱产生热量需要借助油冷系统和齿轮泵进行润滑散热，所以润滑散热对齿轮箱的效率影响不可忽略。当不考虑润滑散热的情况下，对于齿轮箱本身而言，齿轮箱效率与摩擦有关，而摩擦又与齿轮啮合质量、参与啮合齿数和传递转矩有关。当转矩较小、速比较大时，齿轮箱的效率很难达到厂家理论设计值，此时齿轮箱的效率较低；当齿轮箱的速比较大，并且转矩也较大时，齿轮箱有可能达到理论效率值。

齿轮箱制造商通常提供齿轮箱的效率，但该数值并不能满足风电机组的整机效率计算，主要原因为：齿轮箱的效率并不是一个固定值，它随着负载（输入/输出转速、负载转矩）的变化而变化，多数齿轮箱制造商标称所提供的齿轮箱效率不小于97%，这与GB/T 19073—2018 要求齿轮箱机械效率应大于97%是相符的，实际上制造商标称的机械效率97%指的是标准工况下额定功率时的机械效率，而不是全工况下（即与风电机组不同风速下的转速、转矩对应的工况）的机械效率，整机的效率应根据全工况下的齿轮箱机械效率损耗表进行计算。

同时润滑油系统的故障引起的齿轮润滑、散热不良同样影响机组的效率，进一步降低机组出力，常见故障包括润滑压力异常、散热系统工作异常、散热效率降低。

▶▶ 4.3.2 基于风电出力的部件故障检测

1. 风电机组功率一致性偏差模型

通过拟合和聚类的算法，折算风电机组一段时间的实际运行功率曲线，并与担保功率曲线进行对比，判断功率曲线是否出现阶段性异常。图4-9 为机组频繁起停机过程中的风速–功率散点图，可以看出此段时间内，风电机组的实际运行曲线要低于担保功率曲线，极大影响了发电性能，需要提示运维人员进行进一步检查。

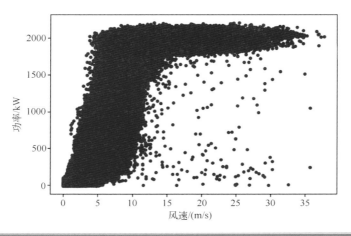

图 4-9　风速-功率散点图

　　因此遇到一致性差问题时，需要及时检查机组运行状况，如查看真实发电量是否存在异常或偏低情况、风速仪系数设置是否偏低，以及风电机组是否有频繁起停、限电等其他原因导致的发电性能变差问题。

2. 偏航对风

　　由前面的第 1 小节分析可知，风电机组存在静态偏航误差引起的发电量损失占比较大，因此及时有效发现对风问题，并进行修正是保障机组正常处理的重要条件。目前经常采用 SCADA 运行数据或激光雷达测风数据进行对风静态偏差的诊断，图 4-10 是采用运行数据进行分析时的流程图，图 4-11 是诊断结果展示。

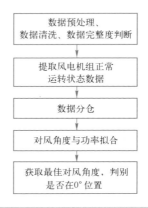

图 4-10　对风偏差分析流程图

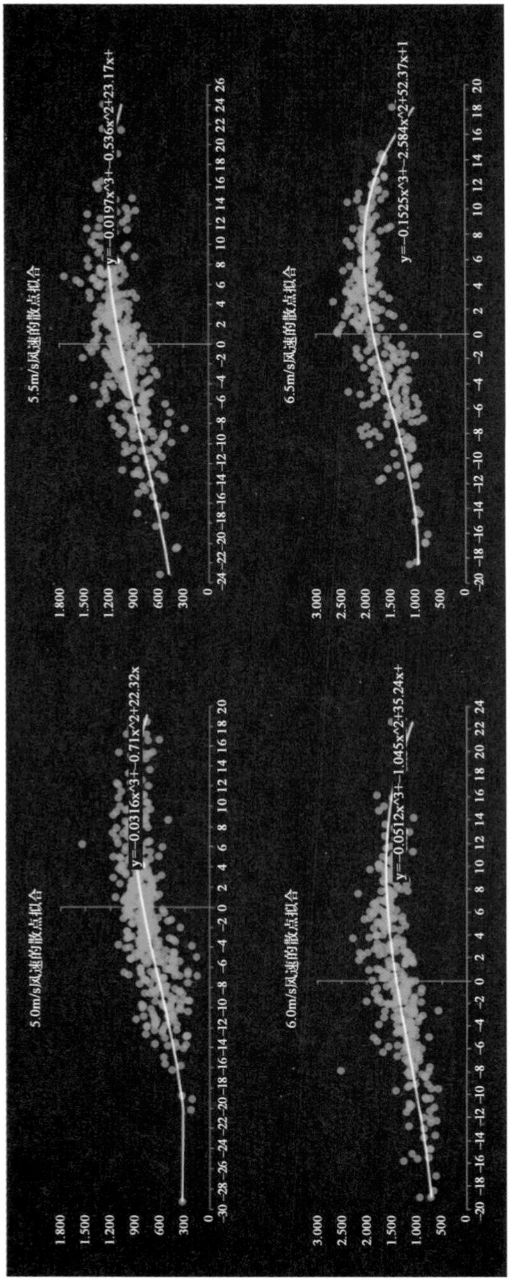

图 4-11 对风偏差诊断结果

4.3.3 风电部件故障实时识别技术

1. 叶片故障识别技术

叶片是风力发电机机组的关键部件，叶片在旋转的过程中，雷击、空气中的颗粒、高速风、剪切风、恶劣气候、疲劳寿命运行和维护不当都会导致叶片寿命减少，发现不及时将会造成严重的安全事故以及经济损失。目前针对叶片故障的识别可采用基于振动信号、基于载荷测量、基于音频分析等方法。

叶片排水孔堵塞、前缘开裂等故障均在音频信号中有明显反映，通过布置在塔筒上的拾音装置，结合叶片音频语谱图方法、哨声轮廓线识别等方法，可对叶片的故障实时识别取得较好的效果。

叶片音频语谱图是针对一段叶片音频经过加窗及短时傅里叶变换后提取的频谱特征进行拼接后形成的图形，横坐标表示时间、纵坐标表示频率、坐标点表示语音数据的能量大小，是一种使用二维平面表征三维语音信息的形式。语音能量值的大小通过颜色来表示，颜色越深表征该点的语音能量越强。

以某台海上风电机组为例，其主要参数见表 4-1，叶轮直径达到 172 m，拾音装置安装在塔筒门上方，通过一段时间采集得到叶片运行中的音频信号，如图 4-12 所示。

表 4-1　某风电机组的主要参数

参　　数	取　　值	参　　数	取　　值
机组容量	6.25 MW	叶轮直径	172 m
塔架高度	110 m	叶片长度	84 m
额定转速	10 r/min	并网转速	5 r/min

选取置信度最高的样本数据，该样本音频语谱图分音频时间波形与语谱图两个子图，其中图 4-12a 为音频时间波形，图 4-12b 为语谱图，音频时间波形图展示音频幅度随时间的变化关系，音频语谱图展示音频频率、时间、音频能量强度的关系，频谱图颜色越深表征音频能量越强，图中明显的波峰表征每只叶片的独立音频频谱，通过频谱之间的差异可诊断叶片损伤情况。

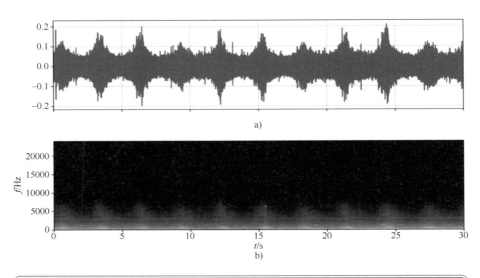

图4-12 叶片声音监测波形及语谱图

a）音频时间波形 b）语谱图

2. 基于运行数据的风电机组故障识别

相比于其他的聚类方法，基于密度的聚类方法可以在有噪声的数据中发现各种形状和大小的簇。

其核心思想就是先发现密度较高的点，然后把相近的高密度点逐步都连成一片，进而生成各种簇。具体见图4-13，算法实现上就是对每个数据点为圆心，以 eps 为半径画个圈（称为邻域 eps-neigbourhood），然后数有多少个点在这个圈内，这个数就是该点密度值。然后可以选取一个密度阈值 MinPts，如圈内点数少于 MinPts 的圆心点为低密度的点，而多于或等于 MinPts 的圆心点为高密度的点（称为核心点 Corepoint）。如果有一个高密度的点在另一个高密度的点的圈内，就把这两个点连接起来，这样可以把许多点不断地串联出来。之后，如果有低密度的点也在高密度的点的圈内，把它也连到最近的高密度点上，称之为边界点。这样所有能连到一起的点就成了一个簇，而不在任何高密度点的圈内的低密度点就是异常点。

图4-14 为采用运维平台上的能效模型，通过聚类方式找到正常运行行为和异常的运行行为并进行聚类的结果。如图中找到异常变桨的机组进行预警（红色标识）。

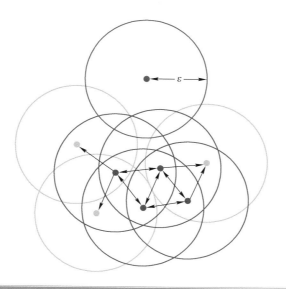

图 4-13 基于密度的算法示意图

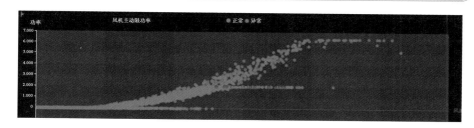

图 4-14 异常变桨诊断结果

4.4 光伏设备故障诊断

▶▶ 4.4.1 光伏部件故障对光伏出力的影响

　　光伏电站的运行故障主要分为两类：光伏组件故障和组串故障。其中光伏组件故障主要是组串中单个组件内部的电池单元发生损坏、旁路二极管故障以及组件出现的破碎、分层以及 EVA 老化发黄等故障，这会导致组件不正常发热；组串故障主要是连接故障，包括开路故障、短路故障，以及阴影遮挡故障等。

本节介绍光伏系统 4 种典型故障下的电气参数分布特征，包括开路故障、短路故障、阴影遮挡故障和异常老化故障，如图 4-15 所示。在 MATLAB 仿真环境下建立 3×5 光伏阵列仿真模型，仿真条件均设置为标准测试条件（$1\,\mathrm{kW/m^2}$，25℃），故障条件设置见表 4-2。

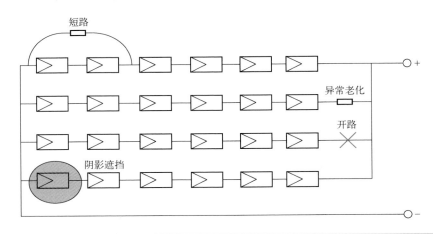

图 4-15 光伏阵列典型故障示意图

表 4-2 故障条件的设置

故障类别	描　述	故障类别	描　述
F1	正常状态	F7	异常老化 $2\,\Omega$
F2	一个组件短路	F8	异常老化 $4\,\Omega$
F3	两个组件短路	F9	异常老化 $6\,\Omega$
F4	三个组件短路	F10	一个组件阴影遮挡
F5	一个支路开路	F11	两个组件阴影遮挡
F6	两个支路开路	F12	三个组件阴影遮挡

短路故障的仿真如图 4-16 所示。当外部激励条件不变时，随着断开支路的增多，光伏阵列的短路电流、最大工作点电流、最大功率逐渐下降，但最大工作点电压、开路电压保持不变。因此，开路故障在光伏阵列电气参数上的体现为短路电流、最佳工作点电流、最大功率的下降。

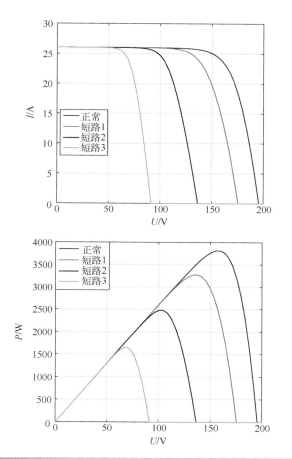

图 4-16 不同短路故障下光伏阵列的 *I–U*、*P–U* 特性

开路故障的仿真如图 4-17 所示。当外部激励条件不变时，随着断开支路的增多，光伏阵列的短路电流、最大工作点电流、最大功率逐渐下降，但最大工作点电压、开路电压保持不变。因此，开路故障在光伏阵列电气参数上的体现为短路电流、最佳工作点电流、最大功率的下降。

光伏阵列 3 种不同的异常老化故障下输出特性如图 4-18 所示。由图可知，当外部激励条件不变时，随着电阻阻值的增加，最大功率点到开路电压点连线斜率的绝对值、最大工作点电压和最大功率明显降低，最大工作点电流略微下降，而开路电压、短路电流基本保持不变。因此，光伏阵列异常老化故障在电气参数上的体现为最大工作点电压、最大工作点电流和最大功率的下降。

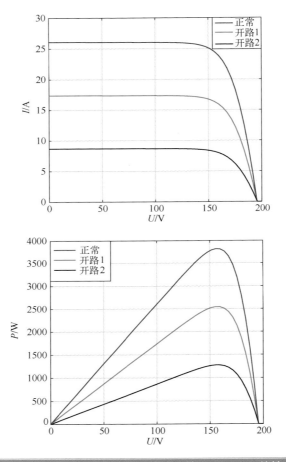

图 4-17　不同开路故障下光伏阵列的 *I–U*、*P–U* 特性

由图 4-19 可知，当光伏阵列出现阴影遮挡故障时，因被挡组件带负电压导致旁路二极管导通，其 *I–U*、*P–U* 曲线均呈现多峰值、阶梯状的特点。从电气参数分布上考虑，开路电压、短路电流基本无变化，但最大工作点电压、最大工作点电流、最大功率随着被挡组件数量的增多、被遮挡程度的增大而增大。因此，阴影遮挡故障在电气参数上的体现为最大工作点电压、最大工作点电流、最大功率的下降。

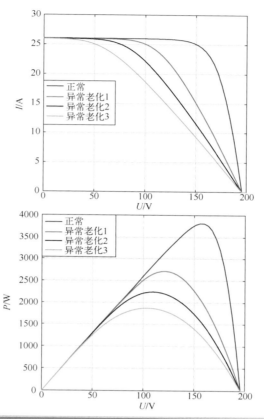

图 4-18　不同异常老化故障条件下光伏阵列的 *I–U*、*P–U* 特性

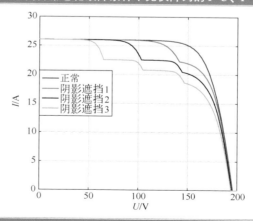

图 4-19　不同阴影遮挡故障下光伏阵列的 *I–U*、*P–U* 特性

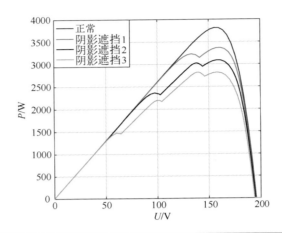

图 4-19 不同阴影遮挡故障下光伏阵列的 *I-U*、*P-U* 特性（续）

由前述的分析可知，不同类型的故障对电气参数特征影响是不同的，其总结见表 4-3。

表 4-3 不同故障条件下电气参数特征变化

故障名称	产生机理	开路电压	短路电流	最佳工作点电压	最佳工作点电流
开路故障	组件间意外开路	不变	下降	不变	下降
短路故障	组件间意外短路	下降	不变	下降	不变
异常老化	组件受腐蚀，损坏	不变	不变	下降	下降
阴影遮挡	阵列前后排、周围建筑物的遮挡	不变	不变	下降	下降

▶▶ 4.4.2 基于光伏出力的部件故障检测

光伏电站可以利用出力时的自身数据进行薄弱点的识别。常采用数据统计方法，对运行状态指标进行分布统计，建立其概率分布模型并通过系统状态评价指标的越限情况将薄弱点与指标进行模式关联识别。

为了消除不同组串不同月份对光伏出力故障特征指标的不确定性影响，将不同组串不同月份的数据进行合并分析，并分析其不确定性与概率分布特性。其中分别对每一个出力指标的分布和分布函数进行概率密度函数拟合。

同时为了衡量概率密度的拟合效果，定义了评价指标 I，表达式为

$$I = d^2 \sum_{i=1}^{n} |y_i - m_i| \qquad (4-7)$$

式中，d 为频率分布直方图的组距；$i = 1, 2, \cdots, n$；n 为直方图分组数；y_i 为第 i 个直方柱中心位置的拟合概率密度值；m_i 为数据集频率分布直方图第 i 个直方柱的高度。指标 I 越小则说明拟合效果越好，具体见表 4-4。

表 4-4 不同拟合概率分布函数误差对比

不同指标	电 流	电 压	功 率
logistic	0.241	0.152	0.236
normal	0.243	0.146	0.224
基于 t-分布的位置尺度	0.235	0.099	0.208

上述概率分布分别指 logistic 分布、normal 正态分布与基于 t-分布的位置尺度分布，从表 4-4 中可以看到基于 t-分布的位置尺度分布函数在电流、电压、功率下的拟合误差最小，效果最好，可以实现较好的状态预测。

经过大量的数据分析发现，运行状态指标的分布受辐照度影响最大，因此以辐照度为标准对指标分布进行划分得到光伏运行最关键的 3 个运行指标在 20 个辐照度区间的分布范围，同时得到了每个辐照度区间内它们的状态指标阈值。I_t、U_t、P_t 分别为该辐照度下的电流、电压和功率，具体见表 4-5。

表 4-5 各辐照度区间故障特征指标阈值

故障特征指标 辐照度/(W/m²)	I_t		U_t		P_t	
0~50	-0.06088	0.301831	-14.8168	3.296135	-46.4354	155.268
50~100	-0.09183	0.28643	-26.4836	14.8639	-62.3585	153.8719
100~150	-0.20403	0.3843	-20.6735	33.37854	-115.528	216.3931
150~200	-0.03094	0.479795	-12.017	37.79889	-147.424	275.662
200~250	-0.43173	0.586392	-6.99883	41.22108	-227.993	332.9657
250~300	-0.5951	0.68253	-5.0436	43.27737	-301.446	397.066
300~350	-0.63813	0.686596	-3.9804	43.79304	-658.852	407.3397
350~400	-0.78507	0.836744	-4.93383	42.70635	-390.298	480.7874

（续）

故障特征指标 辐照度/（W/m²）	I_t		U_t		P_t	
400～450	−0.93113	1.045696	−6.95834	45.93893	−444.327	580.0927
450～500	−0.96975	1.10221	−5.82827	44.802	−457.271	600.6539
500～550	−1.02241	1.148522	−7.99912	42.70664	−488.105	631.6138
550～600	−1.07219	1.239176	−9.18557	42.02268	−484.714	671.1187
600～650	−1.1026	1.26713	−12.9492	39.27394	−509.325	711.9773
650～700	−1.129	1.361629	−15.1365	35.10186	−515.769	736.201
700～750	−1.17022	1.302106	−16.6415	34.41422	−547.729	720.4881
750～800	−0.91312	1.102098	−14.485	29.20093	−429.05	623.646
800～850	−0.98021	1.414791	−13.4242	26.46677	−461.912	705.3944
850～900	−0.81102	1.280713	−14.2376	20.5665	−390.055	622.8396
900～950	−0.66061	1.266056	−13.4524	17.77689	−347.211	454.4412
>950	−0.73576	1.24274	−12.6462	16.2134	−367.72	515.0799

通过对不同辐照度区间的故障特征指标进行概率特征分布建模，得到了各状态指标在不同辐照度区间的概率模型置信区间，图 4-20 展示了不同组串的不同故障指标连续 5 天的分布情况。

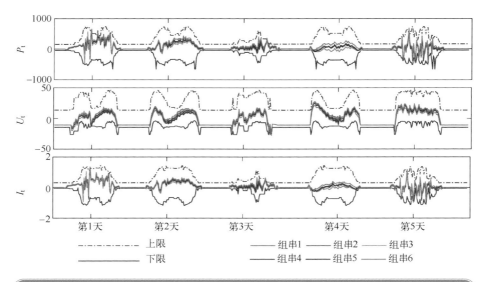

图 4-20　不同组串的不同故障指标连续 5 天的分布情况

根据以上的分析可以得出以下薄弱点关联方法。

1）数据预处理：首先对历史数据进行预处理，清洗掉异常数据，然后对历史数据进行平滑处理。

2）参考模型建模：根据处理后的历史数据得到电流与辐照度、电压与温度之间的关系，进而得到标准参考电流和标准参考电压。

3）指标统计计算：利用历史统计数据计算出各故障指标值，并分辐照度区间对其进行概率分布建模，得到不同辐照度区间的各故障指标概率模型。

4）薄弱点指标阈值划定：根据得到的概率模型对其进行置信区间的计算，得到各故障指标的故障阈值。

5）薄弱点确定：对实时数据进行故障指标值计算，判断各指标是否超出指定的阈值，若超出阈值则根据故障诊断树进行故障类型的判断，并给出判断结果完成光伏组串的故障诊断。

利用实验平台，对常见光伏薄弱点识别，得到图 4-21 所示结果。

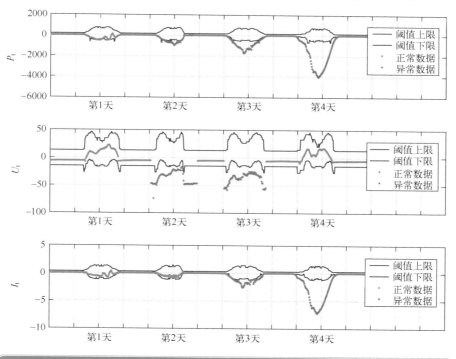

图 4-21 故障诊断结果

针对数据条件较差的光伏电站，尽量较少依靠自身电站数据，可以考虑利用自身累积的历史数据和附近其他电站数据进行故障诊断；并从时间与空间维度通过利用距离和相关性对指标与薄弱点进行关联，对光伏电站的故障状态进行评估。以数据条件差的电站为例，只选取支路电流作为分析对象并对其进行时间和空间特性分析。

各支路出力高度相关，而且随着天气的变化组串的电流波动剧烈。①同一时间下不同电站之间的支路电流具有高度相似性，但是仍然存在一定差异；②随着电站之间的距离变大，电站之间的性能差异有变大的趋势。有效描述光伏支路并行运行时其出力的时间和空间特性，并提取出光伏故障特征是在目前光伏电站数据监控较差的条件下实现故障诊断的一种有效途径。

当光伏电站处于正常运行状态时，各电站的运行状态基本一致。当电站出现故障时，该电站时间和空间分布状态与正常电站的分布状态出现差异，于是进一步提出基于时间和空间函数的光伏电站直流侧薄弱点识别方法，具体见表4-6。

1）数据预处理与分析：该步骤是对光伏电站的历史数据进行预处理，然后利用四分位法对数据进行清洗，基于辐照度和电站电流历史数据计算参考电流，最后分别计算出时间分量和空间分量。

2）概率神经网络（PNN）薄弱点判断模型训练：将时间分量和空间分量作为输入，电站运行状态作为输出，对PNN算法进行训练。

3）故障诊断：将各支路电流实时的时间分量和空间分量作为输入，利用训练好的PNN薄弱点判断模型对光伏电站进行故障点识别。

在研究中，可引入不同类型的电站运行的异常状态进行模型优化，如：

1）一种是简单的电站性能跌落，出现原因往往是电站中某些阵列发生短路或者断路故障，因此与主网断开，而其他阵列则不受影响，继续正常工作，此种异常状态会导致电站输出的异常跌落，并且输出功率的历史趋势不发生变化。

2）一种电站异常状态则是由于包含阵列的阴影遮挡、异常老化所致，这种异常状态的发生会导致电站输出值无规律波动，并且引起一定的电站输出功率下降。

表 4-6 薄弱点诊断类型及对应指标和数据需求

故障类型	数据条件较好		故障类型	数据条件较差	
	数据指标	所需数据		数据指标	所需数据
短路故障	P_t	实测功率	阴影遮挡	时间分量	实测电流
		参考功率			参考电流
	I_t	实测电流		空间分量	实测电流
		参考电流			参考电流
	U_t	实测电压			
		参考电压			
阴影遮挡	P_t	实测功率	开路故障	时间分量	实测电流
		参考功率			参考电流
	I_t	实测电流		空间分量	实测电流
		参考电流			参考电流
	U_t	实测电压			
		参考电压			
开路故障	P_t	实测功率	异常老化	时间分量	实测电流
		参考功率			参考电流
	I_t	实测电流		空间分量	实测电流
		参考电流			参考电流
电站劣化	电站功率退化率	电站实时及历史辐照度与功率信息	电站劣化	电站功率退化率	电站实时及历史辐照度与功率信息
停机	电站功率	电站实时功率与辐照度	停机	电站功率	电站实时功率与辐照度

▶▶ 4.4.3 光伏部件故障指纹

将光伏部件故障类比为人类手掌指纹，通过数字孪生模型设置太阳辐照度衰减、环境温度升高、光伏电池并联电阻/串联电阻异常等条件模拟光伏阵列典型故障场景，对光伏部件故障特性进行研究：

$$O = \{ 组件开、短路\quad 异常老化\quad 阴影遮挡\quad \cdots \quad 热斑 \}$$

对典型故障场景下光伏阵列电气参数（开路电压 U_{oc}、短路电流 I_{sc}、工作电压 U、工作电流 I、最大功率点 P_m）进行模拟，进而得到典型故障场景下阵列输出 $I\text{-}U$ 曲线、阵列数学模型和出力数据。从光伏阵列 $I\text{-}U$ 曲线形状畸变特征、光伏阵列数学模型结构和参数畸变特征、光伏阵列出力数据故障条件下阈值穿越和数据簇中心偏移等维度对光伏阵列故障外部行为特性进行解析，如图 4-22 所示。

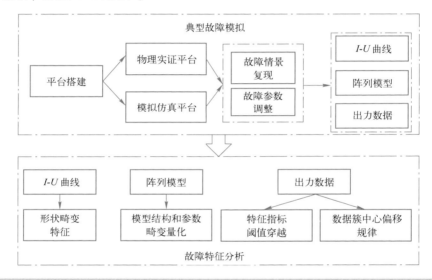

图 4-22　故障条件下光伏阵列外部行为特性研究方案

为分析典型故障条件下的光伏阵列的输出特征，建立光伏阵列工程仿真模型。该模型共有 3 条支路，每条支路包含 13 个光伏组件，仿真模型如图 4-23 所示。基于光伏实验电站实测数据，将实际辐照度、温度作为激励条件，对不同条件下光伏阵列的出力特性进行仿真，仿真结果如图 4-24、图 4-25 示。由仿真结果可知，不同类型的故障对光伏阵列的影响各不相同，反映在光伏阵列的 $I\text{-}U$、$P\text{-}U$ 特性的畸变上，不同故障条件下电气参数的分布特征见表 4-7。

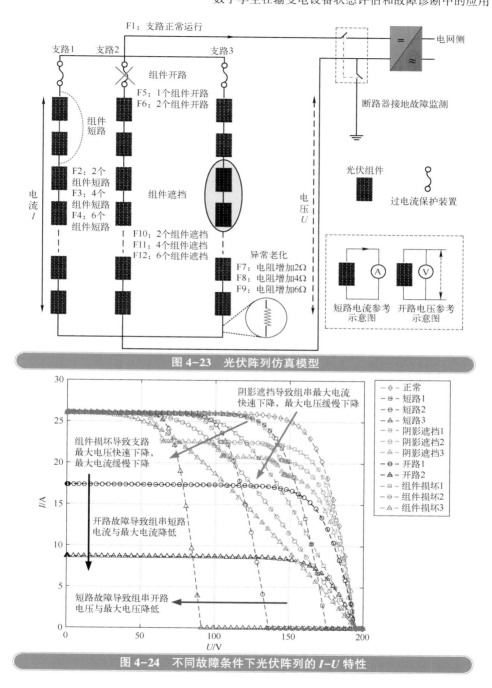

图 4-23　光伏阵列仿真模型

图 4-24　不同故障条件下光伏阵列的 *I-U* 特性

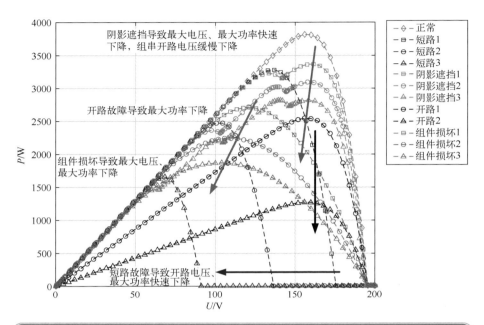

图 4-25　不同故障条件下光伏阵列的 *P–U* 特性

表 4-7　不同故障条件下电气特征参数变化

	运行条件	故障原因	开路电压	短路电流	最佳工作点电压	最佳工作点电流
F1	正常运行	—	—	—	—	—
F2，F3，F4	2/4/6 个组件短路	外壳老化、绝缘失效、污渍	下降	不变	下降	不变
F5，F6	1/2 个组串开路	MC4 接头失效、线路老化、绝缘体错位	不变	下降	不变	下降
F7，F8，F9	异常老化 2 Ω/4 Ω/6 Ω	组件受腐蚀、裂缝、EVA 黏合剂失效	不变	不变	下降	下降
F10，F11，F12	2/4/6 个组件被遮挡	阵列前后排、周围高大建筑物的遮挡	不变	不变	下降	下降

▶▶ 4.4.4   光伏部件故障实时识别技术

随着全球光伏发电容量指数级增长，可靠的光伏阵列运维管理及故障诊断变得尤为重要。由于光伏阵列常年暴露在户外，受多变环境（如雷雨天气、湿度、紫外线辐射、阴影等）影响，容易出现局部材料老化、裂纹、热斑、开路或者短路等各种故障，影响其使用寿命。同时，故障导致发电量大量损失，组件发生不可逆损坏，严重时甚至引发火灾。通常，光伏阵列在直流侧装有过电流保护设备（Overcurrent Protection Devices，OCPD）和接地故障保护设备（Ground Fault Detection Interrupters，GFDI），这些保护设备的故障电流阈值通常设置为短路电流的 2.1 倍。然而，当发生轻、中度故障或故障发生在低辐照度情况下时，传统的保护设备因最大功率点跟踪（Maximum Power Point Tracking，MPPT）和过低的故障电流无法及时动作。因此，建立实时有效的光伏阵列故障诊断及智能运行监测系统是亟待解决的问题之一。

目前常用的实时故障识别技术，包括直接法和间接法两种。直接法为采用传感器等方式，测量阵列的电压、电流等参数，或注入特定的脉冲信号依据收集到的反射信号进行故障诊断。间接法就是非接触式的诊断方法，依靠热性能和机器视觉判断光伏电池组件是否发生故障。本节对光伏部件实时故障诊断方法进行介绍。

1. 基于物理特性的诊断方法

通过热成像的物理手段，研究和分析故障模组的物理特性，可侦测存在故障的光伏模组。红外热成像是一种常规的物理检测方法。当光伏阵列被遮挡或短路时，故障模组的内部持续升温，因此在故障模组附近会产生明显的温度梯度，通过识别热成像图像中的显著亮点，即可进行快速直接的故障检测。目前运维人员常使用手持红外摄像仪接收运行中光伏组件的红外特性，如图 4-26 所示。

为了解决光伏场站组件多、分布广、难巡检的特点，已有无人机搭载双光（可见光+红外）摄像头，对整个光伏场站进行扫测，大大提高了红外图像识别的效率，如图 4-27 所示。

图 4-26 红外成像图

图 4-27 双光无人机与成像结果

2. 基于能量损失的诊断方法

能量损失法诊断流程如图 4-28 所示。首先，通过测量环境温度和辐照度来估算理论输出电压、电流和功率，再计算理论值和实际值之间的差值，并将差值作为诊断算法的输入数据以实现故障诊断。

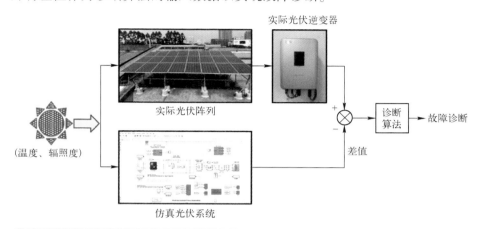

图 4-28 能量损失法诊断流程

在基于能量损失的方法中，Harrou F. 等人提出一种基于改进 K 最邻近（K-Nearest Neighbor，KNN）算法的故障检测方法，通过将理论值与实际值的差值作为 KNN 的输入，并结合指数加权移动平均（Exponential Weighted Moving Average，EWMA）算法自适应生成 KNN 的故障阈值边界，实现了对光伏阵列中不同失配比的线间故障、开路故障及部分阴影遮挡故障的检测。Dhimish M. 等人通过数值统计方法分析不同状态下理论值与实际值之间的变化关系，获得故障诊断阈值；当理论值和实际值的差值大于故障阈值时，则判定光伏阵列存在故障。Hariharan R. 等人通过计算功率损失及 DC 侧功率和辐照度的骤变，检测光伏数组的失配和阴影遮挡。Dhimish M. 等人将功率损耗和电压损耗代入三次多项式函数，得到故障界限曲线，再结合模糊推理系统，提升了故障识别率。Chouder A. 等人提出基于功率损失的故障自动监测系统，通过定义新的热俘获损失（Lct）和杂项俘获损失（Lcm），结合光伏系统的能量损失指针，辨识了不同运行条件下的 3 种光伏故障类型。基于统计信号处理的方法，Davarifar M. 等人提出的诊断方法在加噪条件下仍能识别故障的光伏系统。

基于能量损失的故障诊断方法十分依赖仿真模型的准确性，而光伏阵列长期在户外运行，导致光伏阵列不断老化，长此以往仿真模型与实际光伏阵列的输出特性会出现偏差，需要对仿真模型进行不断优化。

3. 基于 *I−U* 曲线的诊断方法

光伏阵列 *I−U* 曲线如图 4-29 所示。图中包含了丰富的特征信息，能够最直接准确地反映光伏阵列在各种情况下的输出特性。Huang J. 等人通过测量光伏阵列的 *I−U* 曲线，得到 4 个在标准测试条件（Standard Test Condition，STC）下的非线性特征值计算式，再通过粒子群与信赖域优化（Particle Swarm Optimization−Trust Region Reflective，PSO−TRR）算法最小化目标误差函数，确定非线性特征式参数，以便获取特征值大小，最后经 Ada-Boost 算法实现多类故障诊断。Chen Z. 等人先将 *I−U* 曲线的电压和电流分离，再将辐照度和温度值合并，组成 4 维输入向量；通过残差网络的多个卷积和池化层提取特征，最后使用 Softmax 实现光伏阵列常见故障的识别。甘雨涛等人提出了一种基于自适应神经网络模糊推理系统（Adaptive Network−based Fuzzy Inference System，ANFIS）的故障诊断方法，从 *I−U* 曲线中提取阵列电压、阵列电流、阵列功率、工作点斜率、电流离散率，再结合环境温度和辐照度组成 7 个故障特征值作为 ANFIS 的输入数据，实现了对开路故障、线

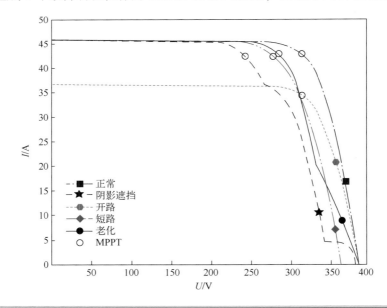

图 4-29 *I−U* 曲线故障结果

间故障、部分阴影遮挡、老化故障 4 种故障的诊断。Spataru S. 等人建立了 3 个模糊推理系统辨识老化故障、阴影遮挡故障、诱导衰减故障；然而，该方法仅能在高辐照度情况下实现故障诊断，在低辐照度情况下难以工作。王元章等人则提出一种基于 BP 神经网络的故障诊断方法，通过将 I–U 曲线中的 U_{oc}、I_{sc}、U_{mpp}、I_{mpp} 作为神经网络的输入数据，实现了对短路、开路、阴影遮挡、老化 4 种故障的识别。

4. 基于时序电压电流的诊断方法

光伏阵列的电压电流诊断法是通过在线测量光伏阵列输出的电压、电流波形进行故障甄别。在不同故障情况下，分析各状态下的时序电压、电流波形的变化规律；在相同故障情况下，挖掘电参数的变化共性，以此来实现光伏阵列的故障诊断。这种诊断方法的优点是可以在逆变器过程中进行诊断，避免出现人为功率损失的现象，并且无须测量光照辐照度和温度。蔡雨桥等人提出一种基于动态时间规整的故障检测方法，通过计算电流在时间序列上的相似度，并结合阈值法，实现开路故障、短路故障的实时监测。杨佳葳等人提出了一种基于序差和（Sum of Ranking Differences，SRD）的光伏阵列故障分类方法，该方法设计了 6 个故障特征量，并使用 SRD 评价特征量在每一种工况下的得分，以得分最小的工况作为最终诊断类别。李光辉等人利用半监督机器学习（Semi – Supervised Machine Learning，SSML）法实现了对光伏阵列中正常状态、开路故障、老化故障三者之间的辨识；该方法只需要少量的标签样本就能实现故障诊断，但这种方法极易受噪声干扰，随着不好的样本的积累，算法的准确率将持续下降。Kumar B. P. 等人采用小波包分解法将光伏阵列的电压分解到特定频带范围内提取故障特征，再使用阈值法实现故障诊断。有学者使用多分辨率分解方法提取故障特征值，再通过支持向量机和模糊推理系统实现线间故障的诊断。该方法能够识别出的故障类别较少，且在低失配比时的识别准确率有待提高。

基于时序电压电流的故障检测方法无须测量环境温度和照度，且光伏阵列的运行电压和电流在直流汇流箱处便于测量。因此，基于时序电压电流的故障检测法仅需在直流汇流箱处加装故障检测模块，即可实现对光伏阵列的实时故障诊断。

4.5 基于数字孪生的电化学储能电站智慧运维

▶▶ 4.5.1 数字孪生技术在储能领域的应用

1. 概述

随着我国提出"碳达峰、碳中和"目标，储能作为清洁能源并网的必要支撑，迎来了巨大的发展，是国内千亿大市场的"蓝海"。据中关村储能产业技术联盟统计，2022 年我国新型储能累计装机规模达到 13.1 GW，同比增长 128%，其中新增装机规模 7.3 GW，同比增长 200%。在储能市场快速扩张的同时，大型储能系统建成并网后的运维成为行业焦点。储能电站运行维护直接关系到电站能否长期正常安全稳定运行，影响电站的投资价值及最终收益。

然而，目前储能电站运维存在不容忽视的问题。首先是储能电站的复杂性，设备数量多，运维效率低；故障告警无法及时解决，导致恢复时间长，用电损失大；整体运维成本较高；运维人员需要轮班值守，设备故障层层排查原因，电池频繁更换，大大影响了电站回本周期。其次是传统运维经验不适用，储能运维学习门槛高。目前大多数的储能电站运维还处在比较基础的水平，现场只有简单的维护、巡检等；且一些调频、调峰的电站，在运维思路上，还往往停留在用户侧储能电站的运维习惯上，在电池安全预测，运行策略调整还涉及得较少，无法满足这些电站对运维的高要求。储能电站的运维不仅仅是最基本的安全巡检，更要不断积累运行的数据，并对当前电池的容量、健康指标进行实时跟踪，进而不断调整控制策略，甚至可能涉及硬件层面的改动等。但这同时要求运维人员具备较高的知识水平和丰富的实操经验，包括较强的数据分析能力、策略调整能力，然而储能电站很难配备能力全面、经验丰富的高水平运维人员。另外，缺乏可落地应用的储能系统安全监测与故障预警技术。电池跟踪技术亟待提高。电站往往需要运行 6~10 年，对于风险电池、落后电池、问题电池都需要及早发现和处理，否则将影响电站整体寿命。

要保证储能电站长时间的连续安全运行，对外支持调峰调频、平滑输出、削峰填谷等用途，不要动不动就故障停机，长时间检修无法按时正常工作。停机就意味着收益的减少甚至是影响到电网的运作。因此，提高运维水平决定了储能电站的盈利水平，只有高水准的运维才能支撑电站长期高效地发挥价值和赢得收益。

要提升储能电站的运维能力首先需要对电站电池有准确的把控。电芯本体层面的热失控安全、一致性控制以及全寿命周期的可靠性保障，电池模组单元层面的可靠性预警方式、结构稳定性保障，电池簇-堆层级极端运行环境（高盐、高湿、高温、高尘）下的可靠性保障，储能系统层级真实运行状态下的温度和健康状态均一度可靠性控制状态以及在线诊断技术保障等，都关系着储能系统的安全性问题。储能电站的运维中，电池荷电状态 SOC（State of Capacity）测定十分重要。电池的 SOC 是基于数据模型，通过一定的方法估算得到的，目前精准地测定 SOC 很困难甚至不可能的，并且随着电池使用时间的增加，SOC 的计算误差会不断积累，从而导致所读取的 SOC 的数值是不准确的，甚至是偏差极大的。如果不知道真实的电池 SOC，很有可能出现过充过放问题。解决这个问题的方法是重置，每隔一段时间，对电池进行完整的充放电，测算哪些电池的 SOC 误差较大，从而进行调整。但目前储能电站这样做将带来难度较高的额外运维工作。另外，电池的健康状态 SOH（State of Health）和剩余寿命 RUL（Rest of Usage Life）也非常重要，然而 SOH 通常需要离线对电池进行实验获得，RUL 预测需要基于大量的历史数据进行，且在电池运行工况变化较大时，预测精度较低，因此，如何在线高精度地估计 SOH 并预测 RUL 也是储能电站运维所要解决的问题。

其次，一些控制策略也需要优化。比如，在储能系统等待闲置的时候，它应该保持什么水平的起始容量。这必须要有统计数据支撑，根据调峰调频的需求量等数据综合判断，这样才能保证储能系统有较高的利用率。

还需要对运维人员进行信息化、数字化培训，使其脱离纸张等原始记录交接方式，并利用数字化信息辅助判断，快速预警故障，排除故障，更高效通过更少的人实现电站的正常运转。

此情况下，大数据、云计算、人工智能等新技术的普及正在加速能源行业的数字化转型，也将极大促进储能电站运维的升级，成为储能运维技术突破的关键。其中，数字孪生技术可以对储能电站的智能运维提供支持。

2. 储能数字孪生功能

储能电站数字孪生系统包括储能电站的各种组件，如电池存储、逆变器、变压器和控制系统，1:1还原储能电站真实设备及场景。这些组件与传感器和数据分析软件相连，并集成实时数据，实现数据监控、分析、预警等功能。

数字孪生在智慧储能电站中的应用主要体现在以下几个方面：

首先，数字孪生技术可以对智慧储能电站的建设进行仿真和优化。在智慧储能电站的设计和建设阶段，数字孪生技术可以通过建立电站的数字模型，对电站进行仿真分析，预测电站的性能、能耗、成本等指标。通过数字孪生技术，可以在模型中调整电站的参数，如电池容量、充放电速率等，以优化电站的性能，提高电站的效益和经济性。

其次，数字孪生技术可以对智慧储能电站的运营管理提供支持。通过数字孪生技术，可以实现对电站各个设备的实时监控、预测和诊断，提前发现风险电池，统计分析落后电池，快速定位问题电池，及时发现和解决故障，提高电站的可靠性和稳定性。同时，数字孪生技术还可以利用电站的历史数据和实时数据，对电站的运营管理进行优化，如通过智能调度算法，实现对电池的优化调度，最大限度地发挥电池的储能和放电能力。储能电站的数字孪生体可以根据天气条件、能源需求和能源供应等各种因素预测其性能。

最后，数字孪生技术还可以对智慧储能电站进行虚拟仿真实验。通过数字孪生技术，可以在电站的数字模型中进行虚拟仿真实验，如对电站的充放电过程进行模拟，预测充放电过程中的电压、电流、功率等参数变化，可以模拟各种不同情况下的电站运行情况，如不同的电池容量、不同的负载情况等，以帮助电站的运营人员进行决策。

与传统运维技术相比，基于数字孪生的储能智慧运维有以下优势：

1）提供细致到电芯级的实时监测、状态分析及故障告警，这有助于快速识别和解决任何问题运维水平。

2）可以进行预测性维护，从而减少停机时间，提高系统的整体可靠性。

3）发生故障时，快速智能定位到故障设备，提前进行风险识别和消除，极大降低损耗。

4）闭环高效的工单运维管理。故障和工单智能联动，减少信息通路，提升维护效率，跟踪维护结果，并支持告警的全生命周期管理、运维人员的全面管理（包括考勤、时间分配统计、运动轨迹、设备维护记录等）功能。

5）可以对运维人员快速培训，降低学习成本。

数字孪生技术在智慧储能电站中的应用，不仅可以提高电站的效益和经济性，还可以提高电站的可靠性和稳定性，促进能源转型的发展。基于数字孪生技术的储能电站智慧运维仍处于发展早期阶段。随着数字孪生技术的不断发展和普及，数字孪生技术将在更多领域中发挥重要作用，为人类社会的可持续发展做出更大的贡献。

▶▶ 4.5.2　储能数字孪生数据架构

1. 储能数据特点

不同于风电、光伏等新能源数据，储能电站测点多、数据密集、数据量大，当前数据采集、传输技术设备不足以满足大量储能电站数字孪生系统建设的需求。因此需要通过场站内设立的边缘计算节点，对实时海量数据进行清洗和预处理，动态调整云计算和边缘计算量的分配，从而减轻远程数据传输链路压力，优化协调云边计算量，提高数字孪生系统的建模与计算效率。

2. 边缘计算与云边协同

云边协同是云计算与边缘计算的互补协同，边缘计算模型的提出，对云计算集中式模型的不足提供了新的解决思路，是适应技术发展需求的产物，但不能完全取代云计算，两者是协同运作的；通过云和边缘的紧密协同可以更好地满足各种应用场景的需求，从而放大两者的应用价值。边缘计算产业联盟提出云边协同包含基础设施即服务、平台即服务、软件即服务的多种协同，将网络、基础设施、服务和应用程序等都视为协同的对象。

（1）云边协同功能

云边协同的能力与内涵主要包括资源协同、数据协同和服务协同三种。

1）资源协同：边缘节点能够提供计算、存储、网络等基础设施资源，可以独立调度管理本地资源，也可以和云端协同，接受并执行云端下发的资源调度管理策略。

资源协同包括应用实例协同和运营协同。应用实例协同指的是云中心和边缘节点上平台服务调用的负载均衡和可用性保障。一个应用实例既可以部署在云中心，也可以部署在边缘节点，或者二者同时部署。如果应用服务调用频繁导致负载压力较大，比如消息中间件应用服务，则可以通过同时在云边等多台物理机上部署相同的实例实现弹性扩容和高可用架构，并且通过负载均衡提高服务负载的瓶颈，也大大降低了运维成本。

运营协同指的是将边缘节点服务器（包括部署在服务器上的应用和节点绑定的边缘设备）纳入云端服务器集群统一管理，包括边缘节点资源管理、边缘云集群管理、边缘应用服务编排和边缘设备管理，实现云端对边端的集中管控。对于业务应用来说，云端对边端开放应用镜像仓库，云端主要负责镜像仓库中所有镜像的创建、删除，以及通过云端强大的算力资源完成业务模型的推理和优化从而更新业务镜像，边端可以根据需要选择镜像配置应用部署到本地上。除此之外，边端可以定制自己的业务镜像，托管到云端的私有仓库中进行训练或者在云端部署应用。

2）数据协同：边缘节点负责数据采集，按照模型或业务规则对原始数据进行预处理及简单分析，然后把结果和相关数据上传给云端；云端可以对海量数据进行存储、分析和价值挖掘。边缘和云之间的数据协同，使得数据能够在边缘和云之间有序流动，从而形成一条完整的数据流转路径，便于之后对数据进行生命周期管理与价值挖掘。主要包含下面三个部分。

①边端处理、云端分析：边缘设备数据由终端设备采集后上传到边缘节点，边缘节点通过数据预处理可以过滤掉大量冗余或无效数据，筛选出与业务关联的关键数据，根据需要上传到云中心节点，可以有效减少网络带宽、存储资源和计算资源的消耗。云中心节点获取关键数据后进一步分析，通过云端部署的智能应用完成复杂业务场景需求。

②同步备份：设备数据在边缘端产生，为了使用户获得更好的响应体验，可以在边缘节点选择性部署业务应用，设备数据则在边缘节点本地进行持久化。云中心作为管控中心，维护云节点和边缘节点的状态、配置、属性等数据。一方面，为了实现云边节点统一管控，需要云边同步上述数据或者部分数据。由于边缘数据的特殊性，数据同步时一方面要考虑数据安全和用户隐私；另一方面可以将数据在边端持久化，云端按需获取。集群部署必须要考虑的一点还有网络问题。当云边网络发生抖动或者故障时，数据发送端应缓存发送数据，等网络恢复后继续发送，并且需要对接收的消息进行校验，避免消费重复的消息占用资源，可以采用确认应答（ACK）机制对消息完成同步确认。

③数据聚合：通常云边集群架构中，云中心节点会连接很多边缘节点，不同边缘节点可能处于不同的业务场景中。云中心获取边侧数据，在云端进

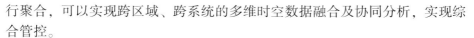

行聚合，可以实现跨区域、跨系统的多维时空数据融合及协同分析，实现综合管控。

3）服务协同：云端完成模型的训练之后，将模型下发给边缘节点，边缘节点按照模型进行推理；云端管理边缘侧应用的生命周期，包括应用的部署、启动、停止、删除及版本更新等；云端生成应用编排策略，边缘侧按照云端策略执行应用。服务协同主要包括业务应用协同和服务调用协同。

① 业务应用协同：指 SaaS 层的协同，云端对业务应用统一管理，根据云边业务场景需求在节点上部署应用，通过云边协调对业务应用完成升级。例如在边缘节点上部署应用，信息在终端采集后，上传到边缘节点进行本地处理，包括预处理、规则匹配以及人工智能分析等；采集信息打上边缘节点等标记信息，上传到云端，在云端进行模型推理优化，并将优化后的模型打包成镜像上传到镜像仓库，边缘节点可以通过拉取镜像完成本地应用的更新，实现数据闭环。云边业务协同的最终目的是最优化部署业务应用，实现计算的最佳分布。结合具体业务特点（如数据安全、时延要求等），根据用户请求分布和终端设备数据特点、边缘节点自身算力负载和存储容量将业务处理任务按需部署到边缘节点上，对边缘节点请求准确调度到对应的边缘节点上，提高资源利用率和服务体验，达到计算效率、用户体验、数据安全的最佳平衡。

② 服务调用协同：指 PaaS 层的协同，云端平台服务和边端平台服务均以 Open API 形式对集群内外部应用提供，并预留本身服务新功能的拓展接口，实现服务分级、业务编排等方面的协同。例如，业务应用程序部分与处理业务分开，并作为单独的应用程序沉入边缘节点；云应用通过边缘云平台的开放 API 调用获取边缘应用的状态，处理结果、日志等信息，然后在云中完成进一步的处理；实现对边缘应用实例、边缘云计算和存储资源等按策略调度。云边服务协同的理想状态是，一个业务应用通过集成多个平台的服务提供业务功能，这些服务根据业务需要分别部署在云中心节点和边缘节点，业务可以根据需要调用云端服务或者边端节点服务，或者组合两者的服务。例如一些简单业务可以直接在云中心或者边缘节点处理分析，而一些复杂的、需要综合多维数据业务，则需要关联多个节点的服务或数据，实现立体化、多维度、跨系统的服务协同，提高系统业务应用的灵活度和增强业务应用定制化的服务编排能力。

（2）云边协同架构

目前，基于 Kubernetes 和 Docker 实现数据协同、业务应用协同、服务调用协同和运营管理协同的云边协同架构是主流。基于 Kubernetes 和 Docker 技术，可以实现对应用镜像的定制化和标签化，提供针对不同场景的业务功能，云端可以针对不同边缘节点在创建应用时选择合适的镜像，实现边缘业务应用的定制化需求。例如在视频监控场景下，目标检测可以直接在边缘节点进行，为边缘节点部署目标检测模型，目标追踪需要综合多角度和多区域的视频数据，在云端部署视频综合分析应用，实现对目标的持续追踪。

如图 4-30 所示，逻辑架构侧重边缘计算系统云、边、端各部分之间的交互和协同，包括云、边协同，边、端协同和云、边、端协同 3 个部分。

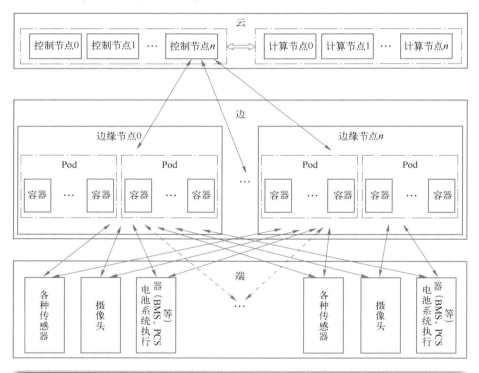

图 4-30　边缘计算系统逻辑架构

1）云、边协同：通过云部分 Kubernetes 的控制节点和边部分 KubeEdge 所运行的节点共同实现。

2）边、端协同：通过边部分 KubeEdge 和端部分 EdgeX Foundry 共同实现。

3）云、边、端协同：通过云解决方案 Kubernetes 的控制节点、边缘解决方案 KubeEdge 和端解决方案 EdgeX Foundry 共同实现。

▶▶ 4.5.3 基于数字孪生的电池运维

电池状态估算是电池智慧运维技术的核心。储能电池的关键状态主要包括电池荷电状态（SOC）、电池健康状态（SOH）与剩余使用寿命（RUL）等。

SOC 也叫剩余电量，代表的是电池使用一段时间或长期搁置不用后的剩余容量与其完全充电状态的容量的比值，常用百分数表示。其取值范围为 0～1，当 SOC = 0 时表示电池放电完全，当 SOC = 1 时表示电池完全充满。准确估计 SOC 对防止电池过充过放、延长电池循环寿命具有重要作用。然而锂离子电池 SOC 不能直接测量，只能通过电池端电压、充放电电流及内阻等参数来估算其大小。而这些参数还会受到电池老化、环境温度变化及运行工况等多种不确定因素的影响，因此准确的 SOC 估计已成为储能应用推广发展中亟待解决的问题。

SOH 是指蓄电池容量、健康度、性能状态，即电池使用一段时间后性能参数与标称参数的比值，以百分比形式表示从寿命开始时到寿命结束期间电池所处的状态。电池的性能指标较多，目前没有统一定义。目前 SOH 的定义主要体现在容量、电量、内阻等方面。锂电池的老化是一个长期渐变的过程，电池的健康状态受温度、电流倍率、截止电压等多种因素影响。电池健康状态评估对电池的使用、维护和经济性分析具有指导意义。

RUL 是指在一定的工作条件下，电池从当前时刻开始到输出功率无法满足机器或设备正常工作时的失效阈值（End of Life，EOL）所经历的充放电循环周期数。通常，容量衰减 20% 或内阻增加 100% 将表示锂电池的使用寿命结束。老化电池极易发生故障，对电池进行合理的 RUL 预测尤为重要。

三种关键状态的关系如图 4-31 所示。

由于电池的某些性能参数与电池关键状态存在一定关系，通常计算电池关键状态时，需要先建立电池等效模型。因此本节将从常用的电池模型、基于电池等效模型的 SOC 与 SOH 估计方法两个方面进行介绍。

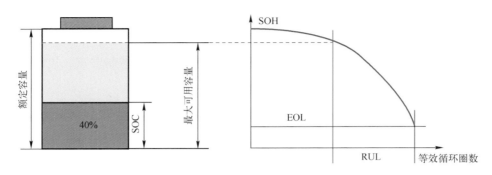

图 4-31　SOC、SOH 与 RUL 的关系

1. 电池模型

（1）电池等效电路模型

常用的等效电路模型有 Rint 模型、n 阶 Thevenin 模型（n 阶 RC 模型）、PNGV 模型、GNL 模型等。各等效电路模型对比见表 4-8。

Rint 模型为最简单的等效电路模型，由一个理想电压源和一个内阻串联而成，模型简单，容易测定模型参数。然而 Rint 模型无法反映电池暂态过程，精度较低，适用范围小。

Thevenin 模型相比 Rint 模型增加了 RC 回路以反映电池内部的极化过程。增加的 RC 回路越多，电路模型越精确，相应计算复杂性与计算量也越高。2 阶 Thevenin 模型又可称为双极化（Dual Polarization，DP）模型，其中一个 RC 回路表示电池电化学极化，另一个 RC 回路表示电池浓差极化。然而 Thevenin 模型无法考虑到负载电流随时间累计造成的开路电压变化以及电池自放电等问题。

PNGV 模型相比 1 阶 Thevenin 模型，在回路中增加一个电容来描述开路电压随电流积分的变化。

GNL 模型融合了上述 3 种模型的优点，与电池内部结构最为相似，既能反映电池欧姆极化、电化学极化、浓差极化过程，也能解决开路电压受负载电流积分影响及电池自放电问题，适用范围广，然而模型复杂性与计算量也同时增加。

（2）电池电化学模型

锂离子电池电化学模型能深入描述电池内部的微观反应，具有更明确的物理含义。电池电化学主要分为 3 类：准二维模型（Pseudo Two-Dimensional Model，P2D Model）、单粒子（Single Particle，SP）模型、简化 P2D 模型。

3 种模型对比见表 4-8。

表 4-8　锂离子电池模型分类与对比

分　类		示　例	描　述	优　点	缺　点
外特性模型	等效电路模型 Rint 模型	R_0, U_{OC}, I, U, +, −	一个理想电压源与一个电阻串联	模型简单, 参数测定容易	无法反映电池动态特性, 精度较低, 适用范围小
	n 阶 Thevenin 模型	R_0, R_1, C_1, I, U_1, U_{OC}, U	n 阶 Thevenin 等效电路模型以 Rint 模型为基础, 串联了 n 个 RC 回路表示电池极化现象	RC 回路用于模拟电池动态特性, n 越大, 精度越高	未考虑因负载电流随时间累计导致的开路电压变化以及自放电等问题; n 越大, 计算量越大
	PNGV 模型	R_0, R_1, C_1, I, U_1, U_{OC}, C_p, U	在 1 阶 Thevenin 等效电路模型的基础上增加了电容 C_p 来描述负载电流随时间累计导致的开路电压变化	计算量较低; 相比 1 阶 Thevenin 等效电路模型精度更高	不能反映电池自放电问题
	GNL 模型	R_0, R_{e1}, C_{e1}, R_{e2}, C_{e2}, R_s, I, U_{OC}, C_p, U	集成了上述 4 种等效电路模型各自的优点, 两个 RC 回路分别表示浓差极化和电化学极化, 结构更接近电池内部特性	相比 PNGV, 考虑了负载电流随时间累计导致的开路电压变化问题, 考虑了电池自放电问题; 精度更高, 适用性更广	相比 PNGV 模型计算更复杂, 计算量更大
	开路电压-SOC 模型		利用开路电压与 SOC 的关系计算电池端电压	计算简单	模型部分参数不具有实际物理意义, 精度较低

（续）

分　类		示　例	描　述	优　点	缺　点
内特性模型	P2D 模型		将锂离子电池等效为由无数球型固相颗粒组成的电极（正负极）、隔膜及电解液组成的结构	精度高，适用性较广	过于复杂，计算量大，且无法获得其解析解
	SP 模型		采用两个球形颗粒分别表示锂离子电池的正极和负极	结构简单，计算量小	在大倍率充放电条件下，模型假设不成立，计算误差大，适用范围小
	简化 P2D 模型		对 P2D 模型的 PDE 进行简化	大大降低了 P2D 模型的计算量；比 SP 模型更精确、适用性更强	无法解决 P2D 固有问题，难以在线应用

P2D 模型将锂电池等效为由无数球型固相颗粒组成的电极（正极和负极）、隔膜及电解液组成的结构，通过一系列偏微分方程（PDE）描述电池内部动态机制，可以进行精确的电池状态估计并具有通用性和可扩展性，适用于不同材料体系的电池，并可以发展和延伸为更复杂的多场耦合模型。然而对于复杂模型，除了参数过多外，PDE 也较难找到解析解。

单粒子模型是最简单的锂电池电化学模型，由 P2D 模型简化而来。SP 模型采用两个球形颗粒分别表示电池的正极和负极，假设锂离子的嵌入脱出过程发生在球形颗粒上，且认为电解液的浓度及其内部电动势恒定不变。单粒子模型结构简单、计算量小，然而在大倍率充放电条件下模型假设不成立，因此将带来较大误差。

由于 P2D 模型控制方程过于复杂，而单粒子模型的精度较差，许多学者针对不同的应用场景，对 P2D 模型采用不同的简化方式来保证对应场景的计算精度并降低计算量。现有的简化方式主要包括几何结构简化、固液相扩散过程简化以及通过数学算法进行变换的简化。但简化模型无法解决 P2D 模型参数过多的固有问题，且会在不同程度上降低模型精度，如何平衡计算量与模型精度仍然值得思考。

2. 电池状态估计方法

锂离子电池在线 SOC 估算方法归纳为 3 类：

1）基于模型的 SOC 估算方法。通过建立等效电路模型、电化学模型等相关电池模型，估计其状态参数来实现电池 SOC 的估算。

2）基于数据驱动的 SOC 估算方法。通过大量数据拟合并借助数学模型来估算电池 SOC。

3）基于融合方法的 SOC 估算方法。多类方法取长补短，以达到提升 SOC 估算精度、降低计算时间的效果。

（1）基于模型的 SOC 估算方法

基于外特性模型估算 SOC 时，通常将系统离散化，SOC 作为系统状态，通过滤波器及其衍生算法对基于安时积分法的 SOC 进行估计。

以 1 阶 Thevenin 等效电路为例，如图 4-32 所示，离散化后的状态方程和输出方程分别如下：

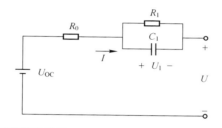

图 4-32　电池 1 阶 Thevenin 等效电路

$$
\begin{bmatrix} U_{1,k} \\ S_{OCk} \end{bmatrix} = \begin{bmatrix} \exp\left(-\dfrac{T_s}{R_1 C_1}\right) & 0 \\ 0 & 1 \end{bmatrix} \begin{bmatrix} U_{1,k-1} \\ S_{OC\,k-1} \end{bmatrix} +
$$

$$
\begin{bmatrix} R_1\left(1-\exp\left(-\dfrac{T_s}{R_1 C_1}\right)\right) \\ -\dfrac{T_s}{Q_I} \end{bmatrix} \begin{bmatrix} I_{k-1} \end{bmatrix} + \begin{bmatrix} w_{1,k-1} \\ w_{2,k-1} \end{bmatrix} \tag{4-8}
$$

$$
\begin{bmatrix} U_k \end{bmatrix} = U_{oc}(S_{OCk}) - U_{1,k} - R_0 I_k + v_k \tag{4-9}
$$

式中，$U_{1,k}$ 为电池极化电容两端的电压，下标 k 为当前时刻；T_s 为采样时间；w_k 与 v_k 分别为系统噪声和观测噪声，它们是均值为零、协方差分别为 **Q** 和 **R** 的高斯白噪声；$U_{oc}(S_{OCk})$ 是开路电压 U_{oc} 关于 SOC 的函数，可通过对 OCV-

SOC 曲线拟合得到；R_1、C_1 分别为电池的极化内阻与极化电容；R_0 为电池的欧姆内阻；Q_I 为当前电流 I 下的实际总容量。结合滤波器及其衍生算法即可估算电池 SOC。

常用的滤波器包括卡尔曼滤波器（Kalman Filter，KF）、粒子滤波器（Particle Filter，PF）以及 H 无穷滤波器（H Infinite Filter，HIF）等。

KF 可以利用输出数据不断对系统状态变量进行修正，并给出状态量下一时刻的最优估计。KF 能够较好抵抗噪声干扰并对初始值依赖较低，因此被广泛用于电池 SOC 研究。

由于锂离子电池为非线性系统，因此用扩展卡尔曼滤波（Extended Kalman Filter，EKF）对 SOC 进行估算，该方法通过在工作点处进行泰勒展开来解决系统非线性带来的问题。

由式（4-8）与式（4-9）可以看出，EKF 的误差来源于以下 3 点：

1）在工作点处对非线性系统进行泰勒展开时仅取了一阶项，忽略了高阶项。

2）噪声 w_k 与 v_k 及其协方差 $\boldsymbol{Q}$、$\boldsymbol{R}$ 为常量，不动态变化。

3）R_0、R_1、C_1 电池模型参数不准确将带来较大误差。

对于问题 3），EKF 高度依赖电池模型为其固有弊端，仅能通过提升模型或参数辨识精度解决。目前已有研究主要围绕问题 2）、3）。针对问题 1），有学者使用无迹卡尔曼滤波（Unscented Kalman Filter，UKF）来估算锂离子电池 SOC，该方法通过无损变换使非线性系统方程适用于线性假设下的标准卡尔曼体系，消除了 EKF 中利用非线性函数泰勒展开的一阶偏导部分产生的较大误差。然而，该方法要精确获得系统过程噪声和观测噪声的统计特性。另外，由于其计算过程均为矩阵运算，当系统中存在电压、电流的剧烈波动，或因计算机字长效应会使其矩阵无法保证严格的正定性，导致状态估计发散，估算不稳定，运算负担较大。针对 UKF 不稳定的问题，部分学者提出了平方根无迹卡尔曼滤波（Square Root Unscented Kalman Filter，SRUKF），利用 Cholesky 分解因子更新和矩阵 $\boldsymbol{QR}$ 分解保证协方差矩阵的半正定性，增加了数字稳定性。然而，问题 2）依然存在。

针对问题 2），可以采用自适应扩展卡尔曼滤波（Adaptive Extended Kalman Filter，AEKF）法。AEKF 在 EKF 的基础上，针对协方差矩阵 $\boldsymbol{Q}$ 和 $\boldsymbol{R}$ 不可知导致滤波发散的问题，在 EKF 的基本原理中添加一个遗忘因子，通过观测值修正误差的协方差，动态变化 $\boldsymbol{Q}$ 和 $\boldsymbol{R}$ 提高其收敛速度。然而，AEKF

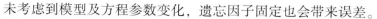

未考虑到模型及方程参数变化，遗忘因子固定也会带来误差。

PF 的思想基于蒙特卡罗方法，利用粒子集来表示概率，可以用在任何形式的状态空间模型上。PF 相比 KF 不对系统做线性假设和后验概率的高斯假设，是一种非线性、非高斯的滤波方法。PF 虽然能显著提升 SOC 的预测精度，然而容易出现粒子退化问题。

HIF 法是以 EKF 为基础进行改进的一种算法，在 HIF 中，$\boldsymbol{Q}$ 与 $\boldsymbol{R}$ 是根据 w_k 与 v_k 的先验知识来设计的参数，相比 EKF 与 PF 能够更好地容忍模型不精确性和噪声不确定性。大部分 HIF 算法都能达到较高的精度，但是由于其本身的鲁棒性特点，仍然存在对系统状态和模型不确定性突变的不敏感问题。

与滤波器类似，基于观测器方法也可通过计算系统误差来实时观测模型状态。其中，滑模观测器是一种闭环的状态观测器，输出变量 y 提供对观测器系统的校正作用。滑模观测器由于其闭环特点，鲁棒性较强，对电池模型结构和参数扰动的敏感性不高，不需要预知噪声的先验信息，且其估计精度与 PF 相近。

（2）基于电化学模型的 SOC 估算方法

在基于电化学模型计算 SOC 时，电化学机理模型（如 P2D 模型和 SP 模型）的 SOC 分为表面 SOC 和平均 SOC，根据电化学理论可分别表示为

$$S_{OC\,surf} = \frac{\theta_{s,i} - \theta_s^{0\%}}{\theta_s^{100\%} - \theta_s^{0\%}} \qquad (4-10)$$

$$S_{OC\,bulk} = \frac{\overline{\theta}_{s,i} - \theta_s^{0\%}}{\theta_s^{100\%} - \theta_s^{0\%}} \qquad (4-11)$$

式中，$S_{OC\,surf}$ 与 $S_{OC\,bulk}$ 分别为表面 SOC 和平均 SOC；$\theta_{s,i}$ 与 $\overline{\theta}_{s,i}$ 分别为电极利用率（也就是固相锂离子浓度与最大固相锂离子浓度的比值）和平均电极利用率；$\theta_s^{0\%}$ 与 $\theta_s^{100\%}$ 分别为 SOC 为 0 和 100% 时的电极利用率。

与基于外特性模型计算 SOC 类似，通过滤波器或观测器可对电化学模型的 SOC 进行估算。

（3）基于数据驱动的 SOC 估算方法

电池参数与 SOC 之间的关系复杂且非线性，用传统数学方法建立模型很困难，且可靠性低。基于数据驱动的方法不依赖电池的数学模型，可直接依靠系统输入与输出间的映射关系估算电池 SOC。目前使用较为广泛的数据驱动法包括神经网络及其改进算法、回归分析法及改进算法等。

1）神经网络及其改进方法：基于神经网络的 SOC 估算方法是以电池运行数据，如电压、电流等参数作为输入，以 SOC 作为输出结果，通过样本数据对系统进行训练，以此来寻找各参数之间的映射关系。

反向传播（BP）神经网络是典型的神经网络算法，其网络结构简单，具有较强的非线性映射能力。然而 BP 神经网络容易陷入局部最优。另外，网络结构选择不一，容易出现不收敛情况。

循环神经网络（RNN）是一种用于处理序列数据的神经网络，对于 SOC 等时序数据具有较好的估算效果。它是一类以序列数据为输入，在序列的演进方向进行递归且所有循环节点按链式连接的递归神经网络，但其在训练时，会出现"梯度消失"和"梯度爆炸"的现象。为了解决这两个问题，一些学者提出了长短期记忆（LSTM）神经网络、门控循环单元（Gated Recurrent Unit，GRU）神经网络以及双向长短期记忆神经网络（Bi LSTM）等。LSTM 解决长序列训练过程中的梯度消失和梯度爆炸问题，相比普通的 RNN，LSTM 能够在更长的序列中有更好的表现。GRU 是 LSTM 的改进，其精度与 LSTM 相当，但参数更少，计算速度更快。

然而所有神经网络及其衍生方法都有 3 个方面缺点：需采集大量数据，不利于在线实时估计；训练结果过于依赖样本质量；不涉及电池模型构建导致过拟合问题易出现。

2）回归分析法及其改进方法：回归分析法指利用数据统计原理，对大量统计数据进行数学处理，并确定因变量与某些自变量的相关关系，建立一个相关性较好的回归方程，并加以外推，用于预测今后的因变量的变化的分析方法。

支持向量机（SVM）是一种使用分类与回归分析技术来处理数据的算法。该方法在高维模式识别、非线性回归等问题中取得了较好效果。但当样本规模扩增到一定程度时，SVM 优化所带来的复杂度会显著提升，同时模型精度也会有所下降。

（4）基于融合法的 SOC 估算方法

由于各模型法与各数据驱动法均有其优缺点，因此，部分学者采用多类方法融合估算锂离子电池 SOC，优势互补。融合类型包括模型法与数据驱动法融合、不同数据驱动法融合等。

综合分析上述锂离子电池 SOC 估算方法，常见锂离子电池 SOC 估算方法的优缺点比较见表 4-9。

表 4-9　常见锂离子电池 SOC 估算方法的优缺点比较

方　法			优　点	缺　点
实验法	安时积分法		不需要考虑电池内部机理，操作简单	易产生累积误差，对初值、传感器精度要求高
	开路电压法		可用于各种电池，操作简单	不能在线实时计算 SOC
模型法	基本模型	外特性模型	计算简单，实用性强	精度较差
		内特性模型	能反映电池内部特性	模型复杂、计算量大
	状态估计方法	KF 法	收敛速度快，对噪声的抑制能力强；对初值敏感度较低；	系统噪声不确定，对模型精度要求较高
		PF 法	鲁棒性强，对模型精度要求不高	容易出现粒子退化；计算量大
数据驱动法	神经网络法		不依赖高精度电池模型	容易梯度消失、陷入局部最优；计算时间长；容易过拟合，泛化能力差
	回归分析法		在高维模式识别、非线性回归等问题中能取得较好效果	仅适用于规模较小的数据样本
	融合法		估算结果的精度与可靠性较高	复杂性高，计算量大

（5）电池 SOH 与 RUL 估算方法

SOH 由随电池老化而改变的电池参数表征。其中最为广泛使用的为可用容量定义的 SOH，如式（4-12）所示，容量随电池老化呈下降趋势。

$$S_{OHC} = \frac{C_{act}}{C_{ini}} \times 100\% \tag{4-12}$$

式中，S_{OHC} 为用容量表征的 SOH；C_{act} 为当前实际可用容量；C_{ini} 为电池初始容量。一般电池容量衰退至初始容量的 80% 时寿命终止。

另一常用指标为电池内阻，其随电池老化不断变大，计算方法为

$$S_{OH} = \frac{R_{EOL} - R_C}{R_{EOL} - R_N} \times 100\% \tag{4-13}$$

式中，R_{EOL} 为电池寿命终止时的内阻；R_C 为电池当前内阻；R_N 为电池初始内阻。

另外，也可以电量、剩余循环来定义电池 SOH。

由于 SOH 也为一种电池状态，因此可用与 SOC 估计类似的方法来估计电池 SOH。数据驱动法也基本一致，此处不再赘述。

3. RUL 预测

（1）模型分类

剩余寿命（RUL）是指在一定的充放电条件下，电池的最大可用容量衰减到某一规定的失效阈值所需要经历的循环周期数。

RUL 预测的主流方法主要分为模型法、数据驱动法与融合法 3 类，见表 4-10。

表 4-10　常见锂离子电池 RUL 预测方法的优缺点比较

方 法		优 点	缺 点
模型法	经验模型	计算简单	精度低，不能考虑运行工况、环境的影响
	半经验模型	能反映运行工况、环境的影响	工况复杂时不适用；精度低
	电化学模型	能反映电池内部复杂机理	参数过多，计算量大
数据驱动法	时序预测法	不依赖电池模型	易出现过拟合等问题；计算量大；RUL 局部变化无法反映
	间接数据驱动法	与电池特性相关，RUL 局部变化预测效果佳	计算量大
融合法		估算结果的精度与可靠性较高	复杂性高，计算量大

（2）模型法

根据建模机理不同，模型法又可分为经验模型、半经验模型和电化学模型。

1）经验模型与半经验模型：电池经验退化模型认为电池的容量衰减遵循某种固有的数学关系，通常需要采用不同的函数形式对电池的容量衰减轨迹进行拟合，选择拟合效果最佳的函数作为寿命经验模型。

常用作动电池寿命经验模型的函数形式有单指数模型、双指数模型、线性模型、多项式模型、Verhulst 模型等，计算式分别如下：

$$C_{max} = a_1 \exp(a_2 n) + a_3 \tag{4-14}$$

$$C_{max} = b_1 \exp(b_2 n) + b_3 \exp(b_4 n) \qquad (4-15)$$

$$C_{max} = c_1 n + c_2 \qquad (4-16)$$

$$C_{max} = d_1 n^2 + d_2 n + d_3 \qquad (4-17)$$

$$C_{max} = \frac{e_1 / e_2}{1 + [e_1 / (e_2 C_0) - 1] \exp(e_1 n)} \qquad (4-18)$$

式中，n 为等效循环次数；C_{max} 为第 n 次循环时的最大可用容量；其他参数均为模型的待定系数。

经验模型计算简单、计算量少，适用于计算资源受限且对精度要求不高的场景。根据电池历史容量数据与所选经验模型对历史数据进行拟合获得相关参数，将规定的容量失效阈值代入寿命经验模型，即可完成电池 RUL 的求解与预测。经验拟合法简单易实现，然而参数缺乏物理意义，泛化能力较弱。

目前常用的应力因子包括：①电池参数，如平均 SOC 等；②运行工况，如充放电倍率、充放电截止电压、放电深度（Depth of Discharge，DOD）、安时吞吐量等；③运行环境，如温度等。

通过将不同应力因子的衰退率耦合即可获取综合容量衰退率。将综合衰退率代入电池老化的半经验模型公式中即可计算 RUL。

2）电化学模型：电化学模型根据电池内部的物理和化学反应，推导出与机理相关的电池性能衰退机制，如锂离子损失、活性物质损失和电导率损失等。然而，模型参数一般难以测量，动态准确度较差。同时，电池退化特征及参数多。因此，基于电化学模型的 RUL 预测方法难以实际应用。

4. 数据驱动法

数据驱动方法直接通过历史数据挖掘锂离子电池的劣化信息和健康状态的演化规律，不需要建立明确的模型公式。基于数据驱动的 RUL 预测方法主要包含时序数据预测法与特征提取法两种。

（1）时序数据预测法

时序数据预测法基于容量衰退的变化趋势，运用时间序列的发展规律推测未来的发展趋势。

现有的方法同样包括神经网络、回归算法以及其他方法，比如人工神经网络（ANN）、自回归模型（Autoregressive Model，AR Model）、高斯过程回归（Gaussian Process Regression）等。然而，数据驱动法本身存在一些问题，比如 AR 模型的计算简单，但预测结果没有不确定性结果表达式。差分整合移动平均自回归模型（Autoregressive Integrated Moving Average Model，ARIMA Model）要求时序数据的平稳性，对电池运行工况有较高要求。动态递归神经网络（Dynamically Driven Recurrent Network，DDRN）容易出现梯度消失的问题等。除了数据驱动法本身的问题，时序数据预测法在 RUL 预测方面还存在以下问题：

1）仅能预测容量衰退整体趋势，对于局部容量回生预测能力较差。

2）由于电池不同衰退阶段曲线特征不同，因此时序数据预测法仅在短期内有较好预测效果。

3）由于不涉及电池模型，因此容易出现过拟合问题。

（2）特征提取法

特征提取法通过提取能够表征电池老化程度的健康因子（Health Factor，HF），将其作为特征来预测电池 RUL。相比时序数据预测法，特征提取法对于局部曲线波动（如容量回生效应）有较好的预测效果。

5. 融合法

第一类融合类算法是模型和数据驱动法融合。比如，融合支持向量回归和无迹粒子滤波，使用支持向量回归在重采样阶段获取重新赋权的粒子，解决了粒子贫化的问题，提高了预测性能。再比如，使用神经网络来分析开路电压（OCV）和 SOC 之间的非线性关系，并使用改进 UKF 来估算锂离子电池 SOC 等。

▶▶ 4.5.4 储能数字孪生应用示例

为解决大规模电池储能电站系统结构复杂导致的劣化趋势感知困难、运行故障难以快速定位等问题，中国华能集团清洁能源技术研究院有限公司研发了储能电站数字孪生系统，对电池储能电站进行可视化态势感知与智能预警。该系统采用多层级数字孪生底座和云渲染引擎，达到 4 K 影视级效果，部署灵活、可拓展性强，兼容各类信息化系统接口，并在华能集团黄台电池储能电站应用示范，对该电站进行 1 : 1 高保真还原。该系统具备电站监测、智能预警、智能巡检、数字实训、应急指挥等功能。

电站监测方面，该系统采用中国华能集团清洁能源技术研究院有限公司自研边缘计算与云边协同管理系统，满足 GWh 级储能电站数据秒级处理要求，跨区穿透延时小于 500 ms，实现多源数据接入，电芯级状态感知，实时天气数据接入打造逼真气象环境效果，如图 4-33 所示。

n88888888

图 4-33　储能电站数字孪生系统电站监测

　　智能预警方面，采用中国华能集团清洁能源技术研究院有限公司自研预测性维护技术，融合大数据及 AI 算法、电池机理模型等多种手段，构建了储能电站多源数据耦合、多时间尺度、多层级的自适应算法模型框架，超前预演电站故障风险，异常点识别率大于 95%，辅助场站运维人员决策。

　　智能巡检方面，自定义远程巡检模式，设置一键巡检路线及巡检内容，可根据设备告警与风险预警信息，对重点设备进行查看，全面掌握设备内部状态及运行情况，如图 4-34 所示。

　　数字实训方面，提供沉浸式技能培训、爆炸式部件拆解教学，快速提升运维人员实操能力，如图 4-35 所示。

　　应急指挥方面，提供储能电站应急场景搭建及解决方案生成，涵盖灾区情况、消防力量部署、消防设备和疏散路线，辅助应急培训演练，提升运维人员面临真实火灾时的响应能力。

4.5.5　储能电站数字孪生应用挑战

　　在储能电站的数字孪生系统应用方面，还存在如下问题亟待解决：

　　首先，需要有标准化的数据格式和协议，以确保不同系统之间的互操作性。由于储能电站通常具有 BMS（电池管理系统）、EMS（能量管理系统）、PCS（储能变流器）等多种数据管理装置，且不同储能电站设备供应厂商不

.189

同，因此在进行实际数据接入时，大量各异的储能电站测点编码规则及数据格式给数据接入及数据管理带来了困难。因此，需要统一的数据编码规范及数据格式、数据采集的行业标准。

图 4-34　储能电站数字孪生系统智能巡检

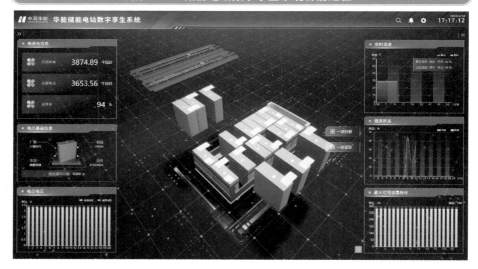

图 4-35　储能电站数字孪生系统数字实训

其次，需要有先进的分析工具来处理储能电站产生的大量数据。不同于风电、光伏等新能源数据，储能电站由海量电池单体构成，因此数据量巨大，据中国华能集团清洁能源技术研究院有限公司统计，电芯级数据采集的储能电站每 100 MW·h 至少有 10 万测点。另外，若要达到实时电芯级的数字孪生，数据采样间隔不能设置过长。因此，储能电站数字孪生的应用相比其他新能源场景对数据在线处理能力要求更高，需要有特殊的数据管理架构及处理方式应对海量数据实时分析的挑战。

　　最后，需要可靠的数据安全管理标准及办法，在储能电站和其他系统之间传输数据。储能电站数据多且复杂，会产生大量敏感的生产数据，所产生数据在储能电站、区域集控、云端之间进行实时数据交换。所以需要从数据源头进行脱敏、加密、特征值提取，尽可能减少原始数据保存，如果保存应做到加密防护，比如设立数据流安全流转检测，对数据访问做好监控和审计，做好数据安全感知和数据安全治理。

第 5 章

数字孪生在电力系统高保真分析中的应用

在工业 4.0 的背景下，数字孪生技术的发展受到了广泛关注。数字孪生通过将物理对象与虚拟模型相互交互，实现对物理对象多维属性、实际行为和状态的描绘，以及对未来发展趋势的分析、监测、模拟、预测和优化，从而提供了丰富的服务和应用需求。在制造业、医疗保健、航空和陆地勘探等领域，数字孪生已经得到了广泛应用，而在能源和电力领域，数字孪生技术也展现出了潜在的价值增长点。

数字孪生的概念最早由密歇根大学的 Michael Grieves 教授于 2003 年提出，用于系统的全生命周期管理。其核心理念是利用仿真技术构建一个数字虚拟空间，通过映射物理实体的整个生命周期，实现对实体的综合管理和优化。随后，美国国家航空航天局（NASA）对数字孪生进行了补充和拓展。

在电力领域，数字孪生技术为电力系统的全生命周期管理提供了巨大的潜力。德国西门子公司将数字孪生技术应用于工业产品的全生命周期管理，创建了一个高度逼真的数字世界，从而实现对电力设备和系统的全面优化。美国通用电气公司也建立了基于数字孪生的物理现实仿真模型，用于能源优化管理和精度预测，以提高产品的生产效率。美国 ANSYS 公司提出了"孪生构建器"技术方案，用于快速构建数字孪生，并将其与工业物联网互联，以提高产品性能和降低事故风险。

尽管在其他领域数字孪生已经取得了显著进展，但电力系统数字孪生的研究仍处于起步阶段，仍有一些关键问题需要业界关注和澄清。在电力系统中，数字孪生的应用可能面临数据获取、模型建立、仿真精度等方面的挑战。同时，由于电力系统的复杂性和安全性要求，数字孪生技术在电力领域的应用也需要更多的探索和验证。

总体而言，数字孪生技术对于电力系统的优化和管理具有巨大的潜力，但其在电力领域的应用仍需要进一步的研究和实践。随着技术的不断发展和应用经验的积累，相信数字孪生将为电力系统带来更多的创新和价值。

5.1 基于数字孪生的配电系统高保真仿真

在新型配电系统中，由于多能流相互耦合和信息物理融合等复杂特性，配电网的动态特性表现出非线性随机和多尺度动态特性。为了实现运行的优化，数字孪生技术成为应对这些复杂性的关键技术。数字孪生系统充分利用配电网物理模型、基础设施在线测量数据和历史运行数据，融合多物理量、多时空尺度和多概率的模拟过程，从而实现对配电系统的全生命周期管理和优化。因此，配电系统高保真仿真是实现新型配电系统数字孪生的关键技术。

传统电力系统的动态过程根据不同时间尺度可分为电磁暂态过程、机电暂态过程和中长期动态过程。不同的瞬态过程使用不同的模型和算法进行独立的仿真分析。对于传统电力系统来说，其多时间尺度特性主要来自于不同类型的同步发电机及其控制器（调速器、励磁机、电力系统稳定器等）、异步电动机、静止无功补偿装置、自动发电控制等。由于元件动态特性的差异，动态特性的时间常数通常在数百微秒到数十秒之间。传统配电网的组成和动态特性比较简单，通常将其视为静负荷。然而，近年来，随着电力电子装置高密度分布式电源的接入，传统的配电系统已从无源的单一网络转变为多集群的复杂有源网络。与传统电力系统类似，主动配电网的动态特性也表现出明显的多时间尺度特征，而电力电子装置的快速动态特性以及各种分布式电源动态特性的差异导致了多时间尺度的动态特性，时间尺度特征更为显著。

主动配电网的动态过程与传统电力系统有一定的相似之处，也可以按照时间尺度来划分。但由于两者的成分差异很大，所以具体的划分方法也会有所不同。一方面，"机电暂态"概念不再适用于主动配电网的动态全过程仿真，因为配电网中存在大量的电力电子变换器，机电暂态特性不再适用；另一方面，与常规大电网相比，配电网的模拟规模仍然较小，从仿真算法和仿真速度的角度来看，不再需要按时间尺度进一步细分电磁暂态以外的动态过程。因此，主动配电网时域仿真根据时间尺度的不同分为两类：电磁暂态仿真和中长期动态仿真。配电网中不同设备的时间常数差和时间尺度划分如图 5-1 所示。

配电网的动态过程是一个连续的过程，不能完全分离，因为配电网的电磁暂态过程对后续的慢速动态过程有影响，而慢速动态过程也会对后续新的慢速动态过程产生影响。电磁暂态过程中，两者密不可分。因此，利用配电网动态全过程仿真技术来全面描述配电网发生扰动/故障或串级后的整个连续动态全过程具有重要意义。本章将介绍配电网电磁暂态仿真和中长期动态仿真的相关技术，以及动态-电磁联合仿真的接口方法，最后给出仿真系统的程序架构设计，如图 5-2 所示。

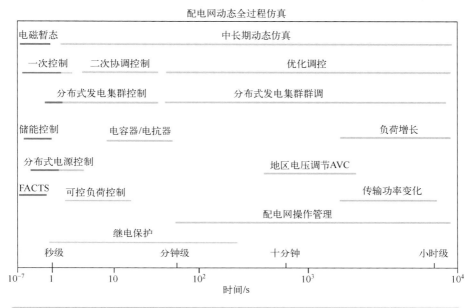

图 5-1　配电网多时间尺度动态特性

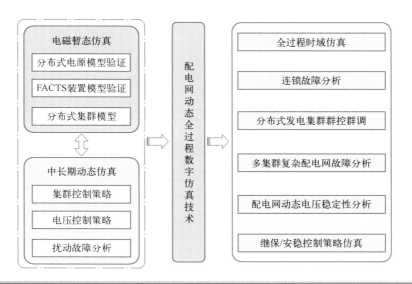

图 5-2　配电网数字孪生全过程仿真

▶▶ 5.1.1 配电系统动态全过程数值仿真方法

配电网电磁暂态过程是指系统中变化速度"较快"的动态过程，中长期动态过程是指系统中变化速度"较慢"的动态过程。这里，"快"和"慢"是相对的，一般以电源频率为界来区分。具体来说，电磁暂态过程是指电力系统各组成部分中电场、磁场以及相应的电压、电流的变化过程，需要考虑元件的电磁耦合、传输线分布参数引起的波动过程以及电力电子的开关过程。中长期动态过程是指忽略上述快速电磁变化过程的后续动态变化过程，包括发电机电磁转矩的变化和控制设备的动态变化。

在元件建模方面，电磁暂态仿真一般建立包含线路、变压器等微分方程的动态模型，而中长期动态过程则描述线路、变压器等元件及其等效阻抗。由于仿真研究中暂态过程和元件建模的差异，电磁暂态仿真和中长期动态仿真的数值求解算法也有很大不同：电磁暂态仿真研究的是谐波电压和电流等问题，所以电流和电压就是在时域上逐步求解求得，即瞬时值的计算；而中长期动态过程只考虑电压和电流基频的变化过程，因此电压和电流可以用基频相量来表示，即有效值计算。下面详细介绍两者的数值求解算法。

配电网电磁暂态仿真的数学模型包括电气模型和控制模型两部分。电气模型是指具有电气物理特性并通过电路拓扑连接的模型，包括线路、变压器、电机、电力电子装置主电路等动态元件以及描述其连接关系的节点电压和支路电流关系方程。前者一般包括微分方程和代数方程，后者是代数方程。控制系统模型描述了输入/输出信号的逻辑关系，一般用于控制电气设备，包括分布式电源的控制系统模型、电力电子变换装置的控制系统模型以及其他控制设备。控制系统模型通常也由微分方程和代数方程组成。代表每个模型的方程之间的关系如图 5-3 所示。

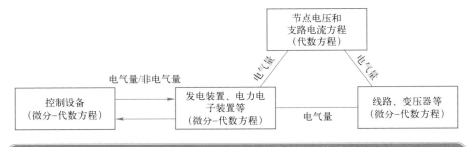

图 5-3 电磁暂态仿真中各模型相互关系

电磁暂态仿真的计算复杂度较高，通常不采用迭代求解方法，而大多采用直接求解方法，即建立大规模方程组直接求解。其本质可以归结为时域方程的建立和求解，主要包括系统相应时域模型的建立和数值求解算法。求解电磁暂态仿真的算法可分为两类：节点分析法和状态空间分析法。

1）节点分析法。首先利用数值积分方法对系统中的微分方程进行离散化，形成与模型对应的微分方程，然后根据电路的拓扑结构形成原电路代数方程，将以上方程组联立得代数方程组，得到网络方程，其中 U 表示电压矢量，I 表示电流相量，Y 表示导纳矩阵。该方程具有线性方程组 $Ax = b$ 的形式，导纳矩阵 Y 是稀疏矩阵，可以应用各种成熟的线性稀疏矩阵算法来求解。

2）状态空间分析法。将微分代数方程描述的元件级模型直接与原电路代数方程相结合，采用状态方程的标准形式形成微分代数方程，然后采用成熟的状态方程数值计算方法进行求解。这些数值计算方法还涉及微分方程的微分处理。

一般来说，状态空间分析方法求解精度较高，但方程中状态变量之间的关系受电路拓扑影响。在确定状态变量的数量时，需要考虑组件之间可能存在的隐式依赖关系。大型系统中的模拟速度是有限的。该方法对于规模未定或规模较大的系统实施起来比较困难，通用性有待进一步提高。对于节点分析方法，其计算精度略低于状态空间分析方法。该方程是根据电路中各元件的离散模型建立的，形成难度较小，但对积分算法的精度和稳定性要求较高。节点分析法是 EMTP 仿真的常用方法。它具有很高的通用性，适用于任何规模的系统，建模和分析的难度不受网络规模增加的影响。基于节点分析法的电磁暂态仿真流程图如图 5-4 所示。

▶▶ 5.1.2　配电系统动态全过程仿真加速技术

解耦算法首先根据系统的动态时间常数差异将系统划分为一个维数较小的刚性子系统和一个非刚性子系统。其次，针对刚性子系统采用隐式积分算法以确保数值稳定性，而非刚性子系统则采用显式积分算法以提高仿真效率。解耦算法的关键在于识别刚性空间并准确划分子系统。当子系统解耦效果不理想时，会严重影响仿真效率和准确度。此外，在含有高密度分布式电源渗透率的配电网中，刚性空间的维数会显著增加，使解耦算法的仿真效率提升不再显著。

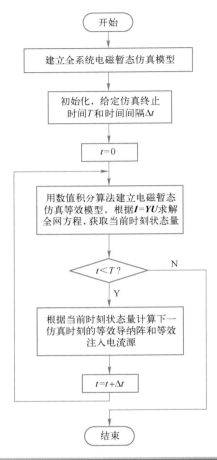

图 5-4 基于节点分析法的电磁暂态仿真流程图

多速率算法首先将系统变量分解为松散耦合的几部分，然后分别采用与其动态响应时间常数相对应的步长进行计算。多速率算法一般应用于动态响应时间常数差异明显的系统，比如含有柔性交流输电系统（FACTS）和感应电动机的仿真系统。其仿真效果的好坏依赖于子系统划分的好坏。此外，多速率算法中不同子系统之间相互耦合，其数据交互与同步也增加了计算量和实现的难度。有学者提出了一种投影积分算法来解决配电网多时间尺度造成的仿真效率低下的问题。这种算法包含一个内部积分器和外部积分器，其中内部积分器采用小步长和阶数大于二阶的显式数值积分算法求解，外部积分器采用大步长和隐式积分算法求解，但是该算法的数值稳定域有限，不具

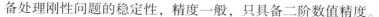

备处理刚性问题的稳定性，精度一般，只具备二阶数值精度。

本书主要介绍两类仿真加速技术，即多模型切换和自动变步长技术。多模型切换技术首先针对不同的时间尺度建立不同复杂度的模型，快动态过程采用详细模型，慢动态过程采用准稳态模型，其次在仿真过程中实现不同模型之间的自动切换，从而实现仿真的加速。自动变步长技术是在仿真过程中根据不同的动态时间常数进行仿真步长的自动调整。

风电、光伏等分布式电源的仿真模型通常结构复杂、阶数高。由于不同动态元件的微分方程时间常数比较大，导致配电网仿真的方程成为刚性方程，时间常数小的微分方程解分量很快达到稳态，对系统的后续变化几乎不起作用，但由于数值求解算法稳定性较低，仿真步长仍然受到时间常数最小的解分量的限制。在仿真过程中，对于时间常数较小的动态模块，如果能够在变化剧烈时期采用微分方程参与全过程仿真计算，在系统趋于平稳时切换至代数方程参与计算，则能够降低方程的刚性比和微分方程阶数，在时间常数小的解分量动态平息后采用更大步长，提升仿真速度的同时也兼顾了仿真精度。模型切换涉及对分布式电源建立不同的模型。不同分布式电源的结构虽然不同，但在逆变器控制方面存在相同之处。对于动态与准稳态模型的自适应切换，严密而有效的转换判据是保证仿真不失真前提下提升速度的关键。双馈风电是一个存在多环反馈环节的控制系统，在扰动下，由于实际值迅速变化，给定值与实际值之间将产生偏差，经过一段动态响应后 PI 调节才能使输出再次跟踪上给定，或持续无法跟踪而出现振荡、切机等情况。因此，实际值能否持续跟踪上给定值可以作为判断系统是否达到稳定的依据。在模型切换中，通过将偏差量与设定阈值进行比较实现切换时刻判断。

较小的步长可以在一定程度上提高数值解精度，但步长并非越小越好，步长过小会带来以下问题：

1）仿真速度变慢。对于一定的仿真区间，步长越小，意味着仿真步数越多，计算量越大，导致计算速度的急剧下降。

2）扩大累计误差。由于数值解的每一步都有舍入误差，减小步长会增加仿真步数，相应地会使舍入误差叠加得更大，且传递次数增多，最终形成较大的累积误差。

由于微分方程解分量是时变的，步长对解分量的精度有很大影响。当系统中状态量变化较为剧烈时，应采用小步长，保证仿真精度。而当系统中快变量已经衰减至平稳时，则可采用更大步长，加快仿真速度。

一种较为简单的变步长方法是二分法变步长。假定当前步长为 h，首先以步长 h 进行一步计算，再以 $h/2$ 步长进行两步计算，比较两次计算结果差值是否在给定精度范围内。若满足，则可以步长 $h/2$ 进行一步计算，与步长 h 进行两步计算的结果比较；若在精度范围内，可继续放大步长，直到达到给定精度的临界处。在确定临界步长后，可以该步长进行几步计算。可以看出，二分法变步长法编程简单，但计算量较大，而且确定步长后连续几步采用该步长，对于数值稳定性不高的仿真算法可能导致很大的仿真偏差，因此二分法变步长对数值稳定性的要求较高。

变步长的原则就是数值计算的误差不会超过给定精度，误差可以通过数值积分方法的截断误差来衡量，即每步的截断误差小于容许误差。下面以隐式梯形积分法为例，给出截断误差的计算过程，其他积分方法的截断误差也可依此计算。

▶▶ 5.1.3　配电系统动态-电磁混合仿真

随着区域电网之间互联不断增加，电网规模日益扩大。大量分布式可再生能源发电设备、储能设备以及其他电力电子设备纷纷接入电网，使得电网运行和控制特性变得极其复杂，电力系统的强非线性特性变得越发明显。这种电力系统发展的新趋势对仿真提出了更高的要求。

由于电力电子设备的开关频率不断提高，从几千赫兹到几万赫兹甚至更高，电力电子设备仿真的计算步长也变得越来越小。同时，电磁暂态过程的变化通常较快，需要分析和计算毫秒级内的电压和电流瞬时值变化情况，响应频率往往高达几千赫兹。因此，将电力电子设备仿真的动态过程类比为电磁暂态过程是合理的。

随着大规模电力电子设备的接入，电力系统仿真要求在仿真过程中既能模拟大规模互联网络的动态过程，又能模拟电力电子装置局部快速变化的电磁暂态过程，并准确地仿真局部电网之间、大区域和局部系统的交互作用。传统的动态和电磁暂态仿真方法难以兼顾电力电子设备接入交流大电网后和交流系统之间的相互作用，以及变流器内部物理特性的详细模拟。

传统动态仿真使用准稳态模型，仅能处理基波分量，忽略了电力电子器件的快速动态过程，无法准确模拟系统中局部快速变化的过程。受限于仿真速度和规模，电磁暂态仿真无法进行全系统仿真。即使对规模较大的交流系统进行等效简化处理，原网络的某些固有特性也会丧失，进而降低仿真结构的准确性和精确度。

传统的动态模型和直流准稳态模型已经不能满足对复杂交直流系统进行精确分析的需求，因此需要建立更准确的动态和电磁暂态混合模型。这种混合模型兼顾了动态模型进行大系统分析的优势，同时能够准确描述直流系统中非线性元件的电磁暂态特性，揭示直流非线性元件在大系统中的影响作用，例如换相失败、自激振荡、谐波不稳定等现象。动态和电磁暂态混合仿真为大型系统的精确分析和采取相关措施提供了有力的手段和工具。同时，建立混合模型也推动了电力电子设备对系统的影响和作用以及其控制策略的研究发展。因此，将电磁暂态计算与动态计算进行混合仿真，在一次仿真过程中同时实现对大规模电力系统的动态仿真和局部网络的电磁暂态仿真，具有重要的理论价值和现实意义。

动态仿真和电磁暂态仿真在变量表示、仿真时间范围、模型建立等方面存在差异，因为它们的仿真目的不同。具体来说，包括以下 5 个方面的差异，见表 5-1。

表 5-1　动态仿真方法和电磁暂态仿真方法比较

比　较　项	电磁暂态仿真	动态仿真
定义	持续时间为纳秒、微秒、毫秒的快速暂态过程	持续时间为几秒钟、几分钟的暂态过程
仿真变量表示	瞬时值	基频相量有效值
仿真条件	不限，可以模拟高次谐波叠加、三相不对称、波形畸变等	基于三相对称、工频正弦波假设条件
动态元件模拟方式	仿真的计算元件模型采用微分方程或偏微分方程来描述，基于三相瞬时值的表达方式和对称矩阵求解，模型描述较为具体和详细，求解过程烦琐、复杂	仿真的计算元件模型都采用基波相量来描述，基于序网分解理论将系统分成相互解耦的正、负、零序网络后分别求解，它只能反映工频或者相近频率范围上的系统运行状况
仿真计算步长	微秒级（50 μs）	毫秒级（10 ms）

1）电磁暂态仿真通常用于描述持续时间在纳秒、微秒和毫秒级的系统快速暂态特性，典型计算步长为 50 μs；而动态仿真通常用于描述持续时间在几秒到几十秒的系统暂态稳定特性，典型计算步长为 10 ms。因此，电磁暂态仿真的典型计算步长与动态仿真相差约 200 倍。

2）电磁暂态计算采用 A、B、C 三相瞬时值表示，可以描述系统三相不对称、波形畸变以及高次谐波叠加等特性；而动态计算基于三相对称、工频正弦波假设条件，将系统由三相网络经过线性变换转换为相互解耦的正、负、零序网络分别计算，系统变量采用基波相量表示。因此，动态仿真只能反映系统工频特性及低频振荡等特性。

3）电磁暂态计算元件模型采用由电容、电感等元件构成的微分方程或偏微分方程描述；而在动态计算中，系统元件模型采用相量方程线性表示。相对于电磁暂态模型，动态仿真模型进行了一定程度的简化。

4）在直流系统的仿真中，电磁暂态仿真采用晶闸管开关模型描述变流器的每个阀臂，并考虑缓冲电路的影响，能够详细模拟交流系统发生不对称故障时变流阀的工作情况，包括换相失败等。而动态仿真多采用准稳态模型，其中变流器（包括整流器和逆变器）本身的暂态过程忽略不计，以稳态方程式表示。因此，动态仿真无法准确模拟不对称故障对变流器的影响，以及逆变器的换相失败等现象。

鉴于电磁暂态仿真与动态仿真之间存在许多差异，为了同时实现对大规模电力系统的动态仿真和局部网络的电磁暂态仿真，需要建立混合仿真接口，以平滑连接两类仿真过程，并充分体现两类仿真网络的动态特性。

在电力系统网络解耦方法方面，主要包含网络等效和架空线路解耦两种策略。网络等效是指在实现网络划分后，单个子系统进行仿真计算时，其他子系统以等效电路的形式并入该子系统。因此，对于网络等效的并行思路，只要能够构建合理的等效网络模型，各子系统的边界节点理论上没有限制，可以任意选取。常见的网络等效方法包括多区域戴维南等效方法、频率相关网络等效方法以及基于动态相量建模的等效方法。其中，多区域戴维南等效方法是在"Diakoptics"（网络分裂）结构和修正节点分析法基础上提出的，将大规模电力系统分割成多个部分，各子系统独立完成整个网络的求解；频率相关网络等效方法能够实现对系统暂态过程中高频分量的高精度模拟，有效提高配电网动态仿真精度；基于动态相量建模的等效方法将动态相量模型引入并行仿真数据交互接口，同样具有更宽的频域适应性。

5.2 基于数字孪生的输电系统高保真仿真

输电系统高可靠性的要求和工程实际的约束使得通过现场实验来认知系统的难度大幅增加，因此，出现了实时数字仿真装置（RTDS）用于对实际系统进行动态模拟，以解决显性事件（如潮流计算、短路故障诊断、设备控制策略、优化运行调度等）。然而，电力系统正在向以新能源为主体的新型电力系统转变和发展，这些新型电力系统具有高比例的可再生能源和电力电子装备，且具有强不确定性、低惯性、弱抗扰性和强非线性特性。这些新特征使得输电系统的数字孪生技术面临新的挑战。

交直流互联电网包括交流线路、直流线路、电力电子设备（如静止无功补偿器（SVC））和柔性交流输电系统（FACTS）装置，增加了电网安全稳定运行控制的复杂性，对电力系统仿真技术提出了更高的要求。为了实现对交直流混合系统的仿真，目前越来越多地采用机电-电磁混合仿真和全电磁暂态仿真。大规模电力电子设备的接入改变了传统电力系统以同步机为主的动态特性。新型电力系统具有多时间尺度动态特性并存的显著特点，包括毫秒级的交流电机暂态过程和微秒级的电力电子开关动作过程，这增加了新型电力系统动态特性分析和测试的难度。基于毫秒级仿真步长的机电暂态仿真无法精确刻画系统的动态过程，因此，新型电力系统的建设和发展需要高性能仿真技术的支撑，以保障系统的安全和稳定运行。

相比机电暂态仿真，电磁暂态仿真能更精确地描述电力电子化电力系统的动态特性。特别是电磁暂态实时仿真，不仅能够快速对新型电力系统的动态特性进行分析和验证，还可以通过硬件在环与实际装置联合运行的方式来测试新型电力系统控制和保护装置的有效性，这有助于大大缩短前期研发周期并降低成本。

▶▶ 5.2.1　直流输电换流站高保真仿真方法

电力电子装置的开关频率高达几十千赫兹甚至上百千赫兹，为了准确地反映开关动作，含有电力电子变换器系统的仿真步长通常在数百纳秒到几微秒之间。然而，较小的仿真步长会导致仿真平台在单个步长内承受更大的计算压力，同时开关状态的改变也会影响系统的导纳矩阵。随着开关数量和仿真规模的增加，仿真所需的计算时间也会大幅增加。例如，基于模块化多电平变换器（MMC）的柔性直流输电系统涉及成百上千个开关器件，因此如何实现电力电子化电力系统的高精度快速仿真一直是电磁暂态建模的难点。

电力电子装置的建模方法主要包括详细开关模型、二值电阻模型、伴随离散电路模型、平均值模型和开关函数模型。详细开关模型、二值电阻模型、伴随离散电路模型都是以单个开关器件为对象进行建模；平均值模型和开关函数模型以电力电子装置整体为对象进行建模。详细开关模型可以详细地反映电力电子装置中开关器件的每一个开关动作过程，精确模拟功率损耗，具有物理意义明确的优点。然而，由于其复杂性，详细开关模型的仿真效率较低，不适用于大规模电力电子化系统的仿真。

电磁暂态离线仿真软件（例如 PSCAD/EMTDC）采用基于 R_{on}/R_{off} 等效的二值电阻模型来模拟电力电子开关器件的导通和关断。该模型基于开关的导通和关断状态改变等效电阻值：当开关器件导通时采用小电阻 R_{on} 来等效；当开关器件关断时采用大电阻 R_{off} 来等效。这种等效方法简单且易于收敛。然而，二值电阻模型在开关状态发生改变时需要重新生成系统导纳矩阵，导致仿真效率较低。

加拿大 RTDS 公司开发的实时仿真软件 RSCAD 以及加拿大 OPAL-RT 公司开发的实时仿真软件 RT-LAB 中的 eHS，采用基于 L/C 等效的伴随离散电路（ADC）模型对电力电子装置进行小步长仿真。ADC 模型最早由悉尼大学的 Hui 提出，并由科罗拉多大学的 Pejovic 等人改进。ADC 模型的基本原理是用电感来等效开关的导通，用电容来等效开关的关断，如图 5-5 所示。ADC 模型能够用电流源和电阻的并联来等效电感和电容，实现较小步长下的仿真。这种方法在电力电子化电力系统的高精度快速仿真方面表现出色。

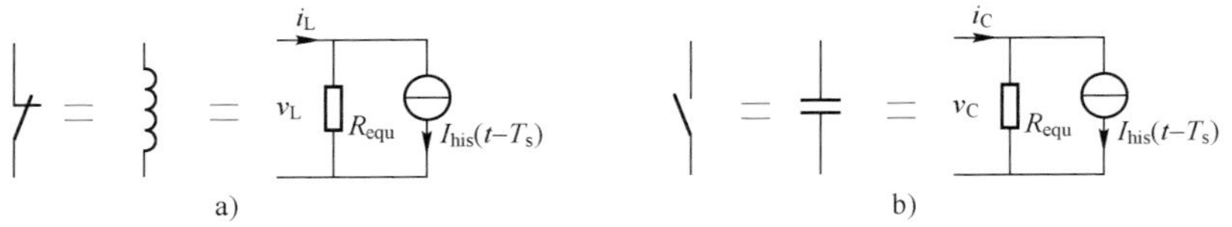

图 5-5　ADC 模型开关等效
a）开关导通时等效成电感　b）开关关断时等效成电容

通过电感和电容的参数设置，保证电感和电容的等效电阻相等，可以确保 ADC 模型在开关状态改变时系统导纳矩阵保持不变的优点。因此，ADC 模型被广泛地应用于电力电子装置的实时仿真中。以两电平变换器为例，其 ADC 等效电路如图 5-6 所示，每个开关器件都可等效成一个等值电阻和电流源的并联。在此等效电路中，电感用于模拟开关器件导通状态，电容用于模拟开关器件关断状态。通过适当设置电感和电容的参数，可以使得等效电阻相等，从而在开关状态改变时保持系统导纳矩阵的不变性。

采用 ADC 模型进行小步长仿真可以提高电力电子装置的动态响应精度，尤其对于高频开关动作的准确建模，采用小步长仿真可以更准确地捕捉电力电子开关器件的动态行为，同时保持仿真的稳定性和收敛性。因此，ADC模型在电力电子装置的实时仿真中具有很高的实用价值，特别是在大规模电力电子化系统的仿真中。

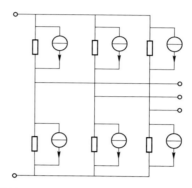

图 5-6　两电平变换器 ADC 等效电路

在开关状态切换过程中，由于等效电感和电容的大小不能忽略，ADC模型在暂态过程中可能会产生振荡，并且每次开关动作都会导致等效电感和电容充放电，从而引入虚拟功率损耗，影响仿真精度。

相比之下，平均值模型（AVM）采用将电力电子装置等效成受控电压源，并分别对交流侧和直流侧建立模型。对于三相电力电子装置的平均值模型，交流侧的每一相均可以等效成一个电压源，其电压值为参考电压，而直流侧则用电流源进行等效，如图 5-7 所示。平均值模型的优点是仿真速度快，能提供较准确的外部系统特性仿真，并且仿真速度不受变换器拓扑本身复杂程度的影响。然而，平均值模型的缺点在于忽略了电力电子装置的内部特性和 PWM 调制产生的高次谐波，因此无法精确模拟电力电子装置在故障下的运行情况。

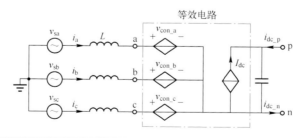

图 5-7　电力电子变换器平均值模型等效电路

因此，在选择模型时需要权衡仿真精度和计算效率。如果重点在于快速仿真外部系统特性，并且可以忽略电力电子装置的内部细节和高次谐波影响，平均值模型可能是一个合适的选择。然而，如果需要更精确地模拟电力电子装置的内部特性和 PWM 调制带来的影响，以及在故障情况下的运行情况，那么 ADC 模型可能更适合，尽管它可能会导致仿真时间增加。综合考虑，针对不同的仿真需求，可以根据具体情况选择合适的模型。

▶▶ 5.2.2　大规模新型电力系统解耦与并行仿真方法

在大规模新型电力系统中引入了大量的开关器件，增加了单个仿真步长内的运算压力，使得仅仅针对单个换流站的高效建模方法不足以满足整个系统的实时仿真需求。因此，为了实现整个系统的实时化仿真，需要通过多个不同仿真平台的并行计算来解决这个问题。实现并行仿真的第一步是对系统进行解耦，将总的系统模型分割成多个子系统进行并行求解。

传统电力系统解耦通常利用输电线路的传输延时将系统分解成不同的子系统，但这样会导致解耦的子系统之间存在延时，可能引入误差。有些研究提出了一些解决方案，如使用基于 stubline 的解耦方法，通过对直流线路中的部分电感采用基于受控源的等效电路，在 FPGA 上进行小步长解耦，实现了多端直流系统在多个 FPGA 上的实时仿真。然而，这些方法在处理存在不同动态响应特性的电力电子化电力系统的实时仿真时可能不太适用。

OPAL-RT 提出了一种基于状态方程和节点方程混合（State-Space Nodal，SSN）的方法，通过在节点处将主系统分解成不同的子系统，可以有效减小节点导纳矩阵的规模，解决了传统解耦方法存在的延时问题。但是，SSN 方法在节点分解处电流的计算不是并行的，需要分成两步进行计算，因此对节点处连接的子系统个数有一定限制。

另外一些研究提出了基于延时插入的方法（Latency Insertion Method，LIM），通过对支路电流和节点电压在不同时间节点进行错步计算，交替更新计算得到的电流和电压值。然而，LIM 需要特定的支路和节点电路结构，且存在中间步骤，对子系统的拓扑结构有特殊要求，因此应用范围有限。

还有一种基于延时插入和节点混合的解耦仿真方法，该方法在单个 FPGA 上实现了小步长仿真。但是这种方法在处理系统电流急剧变化的故障情况时容易出现延时误差，可能导致仿真振荡，影响系统在暂态运行时的仿真精度和稳定性。

因此，电力电子化电力系统实时的并行仿真需要综合考虑不同的解耦方法和平台选择，以降低延时误差，并提高仿真精度和稳定性。在解耦过程中需要权衡仿真精度和计算效率，并根据具体系统特性选择合适的解耦方法和仿真平台。典型并行仿真方法对比见表 5-2。

表 5-2　典型并行仿真方法对比

并行仿真方法	延　　时	优　　点	缺　　点
基于线路传输延时解耦	√	利用输电线路自然传输特性	传输延时必须大于仿真步长
基于 stubline 小步长解耦	√	延时短，精度高	需要对直流线路电感进行补偿
多端口戴维南等效解耦	√	仿真速度快	只支持单步长
延时插入解耦	√	数值稳定性好	对子系统的拓扑结构有特殊要求
基于 SSN 解耦	无	无延时解耦，精度高	没有并行计算，仿真规模受限

5.3　基于数字孪生的电力系统在线实时仿真

实时仿真技术是一种能够在数字仿真器平台上以与实际装置相同的响应速度进行仿真计算的技术。对于含有大量电力电子装置的电力系统，其仿真模型的计算量非常大，需要在计算能力强大的多核 CPU 或者 FPGA 硬件平台上进行运算，利用硬件平台的并行计算能力才能实现系统的实时仿真。

实时仿真器是实现实时仿真系统的关键组成部分，它的硬件资源决定了实时仿真系统的仿真规模。在电力系统中，由于大规模电力电子装置的接入，仿真规模变得更加复杂庞大，因此需要更强大的硬件平台来支持实时仿真。

目前，一些实时仿真器使用高性能的多核 CPU 来进行仿真计算，这些CPU 能够同时处理多个任务，提供更快的计算速度。另外，也有一些实时仿真器采用 FPGA（现场可编程门阵列）作为硬件平台。FPGA 具有可编程性强、并行计算能力强的特点，非常适合用于实时仿真系统，尤其是对于高频率的电力电子装置仿真。

实时仿真技术在电力系统领域具有重要的应用价值。通过实时仿真技术，可以更准确地模拟电力系统中大规模电力电子装置的运行特性，优化系统的控制策略，预测系统的运行状况，提高系统的稳定性和可靠性。因此，实时仿真技术在电力系统的规划、运行和维护中扮演着至关重要的角色。

▶▶ 5.3.1 电力系统实时仿真硬件平台

实时仿真硬件平台主要包括 CPU 和 FPGA，它们分别适用于不同类型的仿真需求。CPU 主要采用串行结构，适合处理顺序计算任务。在 CPU 上运行的仿真系统可以满足动态响应较慢的仿真需求，例如与电力电子装置连接的电网和电感等。由于串行计算的限制，CPU 上运行的仿真步长一般为几十微秒，因此适合仿真相对较慢的过程。

FPGA 采用并行计算结构，适合高速计算和实时性要求较高的仿真任务。在 FPGA 上运行的仿真系统可以实现非常小的仿真步长，最低可以达到几十纳秒，因此非常适合处理开关频率较高的电力电子装置，例如开关频率达到几十或上百 kHz 的电力电子变压器。

为了充分利用 CPU 和 FPGA 的优势，实时仿真平台可以同时搭载这两种硬件，如图 5-8 所示。通过解耦的方式，将动态响应慢的子系统在 CPU 上进行计算，而动态响应快的子系统则在 FPGA 上进行计算，这样可以同时满足不同子系统的仿真需求，并实现系统整体的实时仿真。

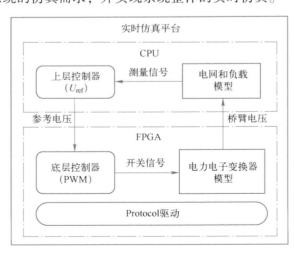

图 5-8　基于 CPU 和 FPGA 的实时仿真平台

通过合理地将任务分配到 CPU 和 FPGA 上，实时仿真平台能够更加高效地完成复杂的电力系统仿真，提高仿真精度和运行速度，为电力系统的规划、运行和控制提供重要支持。

▶▶ **5.3.2 电力系统硬件在环仿真**

硬件在环（Hardware-in-the-Loop，HIL）仿真技术是一种用于开发和测试电力电子装置的控制、保护和监测系统的标准方法。相对于传统的控制保护系统测试方法，即在现场搭建真实设备或在实验室建立电力测试系统进行测试，HIL 仿真技术提供了更加高效、经济和安全的替代方案。

HIL 仿真通过使用物理仿真模型来替代真实的电力电子装置，这些物理仿真模型实时运行在仿真平台上。在实时仿真器上，配备了与控制器系统和其他系统连接的输入与输出接口装置，从而实现仿真器与控制器硬件之间的闭环测试。这种闭环测试意味着控制器实际运行在仿真环境中，接收来自仿真模型的输入，并输出信号控制仿真模型的运行，从而实现仿真系统与控制系统之间的实时交互，如图 5-9 所示。

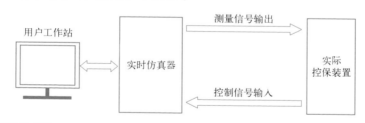

图 5-9 硬件在环仿真

HIL 仿真技术的优势在于：

1）成本低。相比于在现场或实验室搭建真实设备进行测试，HIL 仿真可以大幅降低测试成本。

2）开发周期短。HIL 仿真可以快速搭建和修改仿真模型，加速电力电子装置的控制保护系统开发过程。

3）安全性高。在仿真环境中进行测试可以避免潜在的安全风险，保护设备和人员的安全。

4）可重复性好。HIL 仿真可以重复执行相同的测试用例，保证测试结果的可靠性和一致性。

HIL 仿真技术在电力电子装置的开发、测试和验证中扮演着重要角色，为电力系统的安全和稳定运行提供了可靠的保障。

图 5-10 展示了 HIL 仿真技术在 MMC-HVDC 控制保护装置测试中的典型应用场景。在这个场景中，MMC-HVDC 系统在实时仿真器中进行建模和仿真计算。该仿真系统通过 I/O 接口和 SFP 光纤与实际的 MMC 控制保护装置相连，形成一个闭环半实物仿真系统。

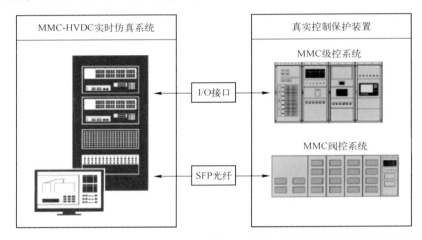

图 5-10   MMC-HVDC HIL 仿真测试示例

在这个 HIL 测试中，MMC 控制保护装置在实际硬件中运行，并与仿真模型中的 MMC-HVDC 系统相互交互。这使得控制保护装置可以接收仿真模型产生的输入信号，并对仿真系统的运行进行实时响应。同时，MMC 控制保护装置的输出信号也反馈给仿真模型，从而形成了一个闭环控制系统。这种闭环测试的方式允许控制保护装置在实际运行之前，对其前期设计进行测试和验证，以发现潜在的设计缺陷并进行修正。

HIL 技术在 MMC-HVDC 控制保护装置的测试中发挥了重要作用，有助于确保 MMC-HVDC 系统的稳定运行和控制保护装置的稳健性和可靠性。

功率硬件在环仿真（Power Hardware-in-the-Loop，PHIL）是基于 HIL 的一种延伸，它不仅提供控制信号的交互，还能够实现仿真器与被测设备之间的实际功率交互。为了实现功率交互，PHIL 系统需要配备功率放大器，该放大器可以在四象限运行，既可以吸收功率，也可以发出功率。PHIL 系统的核心目标是在仿真器与测试设备之间建立一个闭环测试环境，以实现实时的功率交换和反馈控制。

图 5-11 和图 5-12 展示了 PHIL 技术在配电网和光储系统测试中的典型应用场景。在这些场景中，配电网和新能源发电系统在实时仿真器中进行建模和仿真计算，而实际的光储系统通过功率放大器与仿真器相连。为了实现闭环控制，实时仿真器中测得的光储系统接入网侧的节点电压被反馈到功率放大器中作为其参考电压。同时，电力电子装置中测得的实际电流值作为输入反馈到仿真系统中的电流源。这样，实时仿真器中运行的配电系统通过功率放大器与实际设备实现功率的交互。

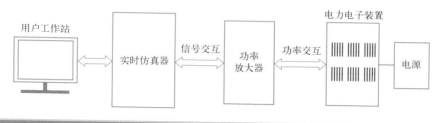

图 5-11　配电网 PHIL 测试示例

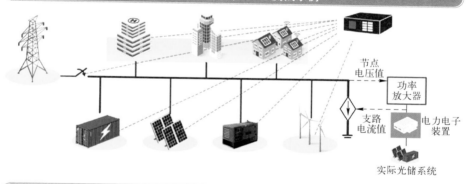

图 5-12　光储系统 PHIL 测试示例

PHIL 技术的优势在于：

1）实时功率交互。PHIL 系统能够在仿真器与实际设备之间实现实时的功率交换，从而更准确地测试设备的功率特性。

2）高保真仿真。PHIL 系统能够提供高保真度的仿真环境，有助于测试和验证设备在实际运行中的性能和可靠性。

3）灵活性和安全性。PHIL 测试方式灵活，能够测试多个系统，并且具有较高的安全性，避免了传统测试方式可能带来的风险。

总的来说，PHIL 技术为配电网、电力电子装置、电机和新能源等系统的测试提供了一种先进、高效和可靠的方法，有助于提高测试的准确性和效率。

▶▶ 5.3.3 分布式发电集群实时仿真与测试平台

DGRSS 是面向高密度分布式可再生能源接入的分布式发电集群的实时仿真与测试平台。相较于已有的实时仿真工具，DGRSS 具有以下优势：

1）高密度分布式可再生能源支持。DGRSS 专门针对高密度分布式可再生能源接入到配电网的情况进行仿真与测试，能够更好地应对智能电网的快速建设和新能源接入的挑战。

2）实时性。DGRSS 是一个实时仿真与测试平台，能够提供与实际设备响应速度相匹配的仿真效果。这对于高密度分布式发电集群的运行和稳定性研究至关重要。

3）大规模分布式发电集群支持。DGRSS 可以模拟大规模的分布式发电集群，并能够在仿真中考虑集群内部各个发电单元之间的信息-物理耦合关系，从而更全面地分析和优化配电网的运行。

4）耦合测试功能。DGRSS 能够实现分布式发电集群与配电网之间的信息-物理耦合测试，验证不同接入条件下系统的运行和稳定性，为智能电网的安全运行提供重要参考。

5）灵活性与可扩展性。DGRSS 平台具有灵活性和可扩展性，可以根据不同的仿真需求进行定制化配置，适用于多种实际场景和复杂条件的仿真研究。

DGRSS 具备分布式发电集群模型、动态实时仿真、电力-信息混合仿真和 HIL 仿真能力，以应对大规模分布式发电集群接入复杂配电网的验证和设备测试需求。DGRSS 的架构如图 5-13 所示，主要包括以下 6 个部分。

实时仿真器：作为 DGRSS 的核心，实时仿真器采用多核处理器组成，以实现高性能的实时仿真计算，同时配备多种通信接口，如以太网和光纤通信模块，使其能够与主机和其他设备实现联动和信息交互。

灵活的建模界面：DGRSS 提供灵活的建模界面，以便用户能够根据具体需求对分布式发电集群进行模型构建。这些模型将用于实时仿真，以验证和测试复杂配电网中的大规模分布式发电集群接入。

功率放大器接口：功率放大器是实现功率交互的关键设备，DGRSS 配备功率放大器接口，使得实时仿真器能够与实际设备实现功率的双向交互。

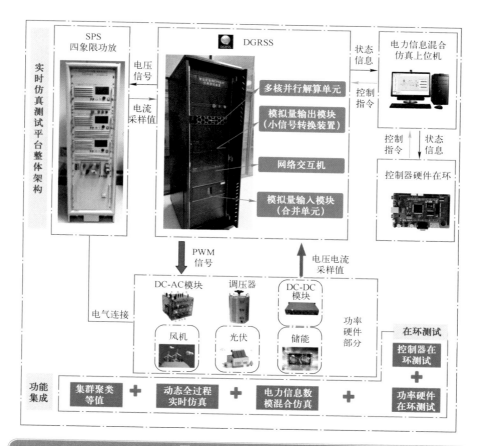

图 5-13 DGRSS 架构

信息仿真和接口：DGRSS 具备信息仿真能力，能够模拟和测试配电网中的信息通信和控制系统。同时，它也配备相应的接口，以与控制器系统和其他信息仿真设备进行通信。

输入/输出（I/O）接口：DGRSS 配备模拟量和数字量的输入/输出接口，使其能够连接其他外部设备，如功率放大器和其他物理硬件，实现仿真器与实际设备之间的连接和交互。

分布式发电集群模型：DGRSS 的模型库应该包含各种类型的分布式发电集群模型，以便对不同类型的分布式发电集群进行仿真和测试。

DGRSS 的核心是自主开发的实时仿真器，其硬件组成如图 5-14 所示，主要包括两个部分。

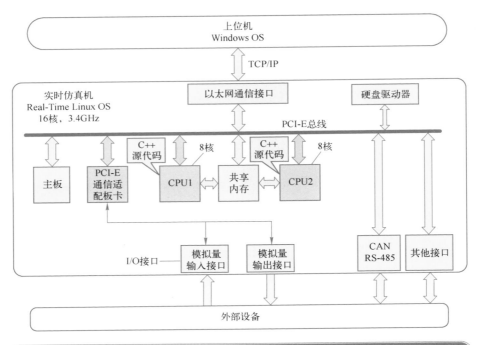

图 5-14　DGRSS 实时仿真器硬件组成

　　上层部分：由两个多核处理器组成，以确保实时性能的最佳表现。多核处理器能够同时处理多个任务，提高仿真计算的效率，使得仿真器能够快速响应输入信号，并实时计算仿真结果。

　　下层部分：包括交互接口，其中包括模拟量和数字量的输入/输出接口、以太网和光纤通信模块等。通过这些接口，实时仿真器可以与 DGRSS 主机及信息仿真主机进行通信，实现仿真系统的联动和信息交互。同时，实时仿真器还可以通过模拟量和数字量的接口连接其他外部设备，如功率放大器和其他物理硬件，实现仿真器与实际设备之间的功率交互。

　　除了以上两个部分，实时仿真器还配备了其他通信接口，以增强其可扩展性。这意味着实时仿真器可以根据不同的仿真需求和实际场景，灵活地配置和扩展硬件接口，满足复杂仿真研究的需求。

　　通过实际的配电网仿真，DGRSS 验证了实时仿真器的性能。这表明实时仿真器能够在高密度分布式可再生能源接入的情况下，实现与实际设备相匹配的实时仿真效果，并为 DGRSS 平台的应用提供了可靠的技术支持。

第6章

电力数字孪生国内外
工程实践

近年来，国内外在电力数字孪生建设方面进行了许多工程实践。本章简单介绍一些具有代表性的案例，覆盖了配电网、输电网、电厂、风机、变电站、源网荷储系统等领域，其中配电网、输电网属于系统级数字孪生，而风机、变电站属于设备级数字孪生，电厂和源网荷储协同则是在设备数字孪生基础上的系统级数字孪生。

新加坡的供电可靠性在全球处于领先地位，但在分布式能源和电动汽车广泛接入的情况下，如何提高监测和管理水平也面临挑战。新加坡国家电网数字孪生建设的目的，在于提高电网韧性，确保高供电可靠性，并支持更多清洁能源的应用。随着电网规模的不断扩大和复杂性的加剧，大电网的安全稳定也面临重大挑战。

美国 AEP 电网公司联合西门子公司开展的输电网数字孪生建设项目，旨在通过标准化的方法实现跨业务的数字共享，为输电网的精准建模和实时仿真奠定基础。本章选择新加坡电网数字孪生和 AEP 输电网数字孪生作为系统级数字孪生典型案例进行介绍。

海上风机维护困难、成本高；电力变电站众多，是电力系统的关键枢纽，它们均是数字孪生应用于电力设备运维的重要场景。本章选择 TWI 公司的海上风机数字孪生、雄安新区和上海浦东变电站数字孪生作为电力设备数字孪生典型案例进行介绍。

GE 的电厂数字孪生应用采用机理建模和数据分析方法，对电厂中的每个设备进行热、机械、电气、化学、流体动力学等多物理场模拟，实现对整个电厂的技术经济分析；中国南方电网有限责任公司（以下简称南网）的源网荷储数字孪生，通过建立电源、电网、储能和负荷的数字孪生，实现整个电力系统的协同运行管理。本章选择 GE 的电厂数字孪生和南网的源网荷储数字孪生作为设备-系统数字孪生案例进行介绍。

6.1 新加坡国家电网数字孪生

▶ 6.1.1 项目介绍

新加坡首个电网数字孪生项目是以建设一个更光明、更加可持续的未来能源系统为目标，电网数字孪生的建立将有助于增强新加坡的电网韧性，确保电网的可靠性，并支持更清洁能源的应用。该项目由新加坡的能源市场管理局（EMA）、新加坡电网公司（SP）及科学和技术政策和计划办公室（S&TPPO）共同支持。

▶ **6.1.2 实施方案**

新加坡电网数字孪生包括两个数字孪生体。

（1）电网资产数字孪生

电网资产数字孪生的目的是优化 SP 的电网资产（如变电站、变压器、开关设备和电缆）的规划、运行和维护。电网资产孪生体能够远程监控和分析资产的状况和性能，并及早识别电网运营中的潜在风险，这使得 SP 能够明智地做出相应的更新和维护计划。

电网资产数字孪生项目由 EMA 资助，由 SP 和南洋理工大学（NTU）联合承担的 5 个研究课题，并由 SP-NTU 联合实验室负责电力资产管理和电网运行等项目的研发。该联合实验室是 SP 和南洋理工大学于 2020 年联合成立的机构。

（2）电网数字孪生

电网数字孪生项目的目的是评估电动汽车和分布式能源对电网的影响，使用一种称为多能系统建模（Multi Energy System Modelling & Optimisation，MESMO）的先进软件框架来建立。MESMO 是新加坡集成交通能源模型项目（Singapore Integrated Transport Energy Model，SITEM）[○]采用的主要仿真技术。电网数字孪生能够为 SP 提供分布式能源和新型负荷对电网影响的评估并分析在不同场景下所需的电网提升措施。电网数字孪生是新加坡科技研究局（A*STAR）的科学署（Agency for Science）的高性能计算研究所（Institute of High Performance Computing，IHPC）和它的技术合作伙伴 TUM-CREATE Ltd 共同开发的。该项目由公共部门科学部（Public Sector Science）资助。

▶ **6.1.3 实施效果**

电网数字孪生全面部署后，为 SP 更好地规划、运行和维护电网从而更有效地进行实际工作提供有效支撑。电网数字孪生的主要好处包括改进电网

○ 关于 SITEM 详情可从如下链接处获知 www. a-star. edu. sg/News-and-Events/a-star-news/news/press-releases/supporting-singapore-stransition-to-electric-vehicles。

规划分析和电网资产的远程监测,从而在进行设备检修时节省人力资源。由于电网数字孪生提供了一个更全面准确的电网模型,有助于针对不同需求进行合理的电网规划,适应电动汽车充电设施、太阳能光伏系统和储能系统广泛接入后的各种运行情况。

6.2 美国 AEP 的输电网数字孪生

▶ 6.2.1 项目介绍

随着电网规划和运行变得越来越复杂,为 500 万用户供电的美国电力(American Electric Power,AEP)公司意识到,传统的手工共享系统之间共享模型和数据的方法已不再适用。AEP 通过建立输电网数字孪生来增强对数据的感知和交互,主要针对 3 方面的业务系统数据:可靠性评估、输电网规划和保护控制。传统上,这 3 方面的业务数据由不同部门分别管理,目前需要实现 3 个业务系统数据的自动同步。

AEP 选择和西门子公司合作开发电网数字孪生,以电网建模分析软件 PSS ⓇODMS 为基础。该项目于 2019 年年底全面投入运行。电网数字孪生能够更好地协调跨多个业务功能域的电网模型数据,提供对这些数据的集中管理,并使用标准化的方法来跨业务共享建模数据。

▶ 6.2.2 实施方案

电网数字孪生的核心是 PSS ⓇODMS,该软件具有接口开放、直观、易于使用的计算机图形和友好的用户界面,可以生成交互式变电站图和输电网的多个视图。

电网数字孪生以通用信息模型(CIM)提取数据,然后将其导入新的 PSS ⓇODMS 平台。

电网数字孪生为电网公司提供单一来源的真实数据以进行建模,并使用基于标准的适配器/接口来实现数据的同步。

电网数字孪生的解决方案在技术上由 3 个部分组成:引擎、适配器/接口和用户界面。

引擎是关键使能技术,包括如下技术和功能:

1)中央多用户数据库。

2）数据管理功能。

3）场景形成。

4）数据同步。

5）数据验证。

6）数据交换。

适配器/接口是用于将数据从其他域和系统导入和/或导出的连接器。适配器可以适用于基于标准的数据（如 CIM）和专有数据之间的交换。西门子的解决方案为标准格式数据和专有格式数据提供了各种现成的数据连接器。用户界面提供了诸如数据可视化、维护和用户管理等功能。

电网数字孪生具备如下功能：

1）跨运行和规划两个业务的电网数据和模型管理。

2）继电保护系统数据管理。

3）利用 GIS 数据简化可再生能源集成分析。

4）规划和运行场景的自动生成。

5）输配电系统数据的统一管理。

6）配电规划模型的建立以及与 GIS、配电管理系统（DMS）和电表数据管理（MDM）数据的同步。

▶ 6.2.3 实施效果

AEP 电网数字孪生实施后，取得了如下效果：

1）大大减少了与内、外部业务部门间的人工进行模型数据协调工作相关的时间和成本。在电网模型构建和维护方面节省了 90% 以上的时间。

2）建立了基础设施和数据治理的基础，为 AEP 在投资和规划方面的决策提供支持。提高了输电网规划和运行模型的准确性，从而实现了更高效的系统运行。

3）降低了 IT 集成成本。

4）避免了重复建模。

5）提供可持续的、适应未来发展的企业数据管理方法。

6）提供一个模型数据同步更新解决方案，可支持在精准的建模分析基础上的运行和资产管理。

7）可实现单击按钮即可进行分析，支持预测性维护、经济/投资分析决策等功能。

6.3 GE 的电厂数字孪生

6.3.1 项目介绍

GE 的电厂数字孪生采用机理建模和数据分析方法，对电厂中的每个设备进行热、机械、电气、化学、流体动力学等多物理场模拟，准确反映燃料价格、环境温度、空气质量、湿度、负荷、天气预报模型和市场定价等因素的影响，更准确地预测电厂设备在可用性、可靠性、磨损性、灵活性和可维护性等方面的特性。借助电厂数字孪生，电厂运行人员可针对各种预想场景进行仿真，以合理分配负荷、安排设备检修。

6.3.2 实施方案

GE 将衡量资产健康状况、磨损程度和性能的电厂设备的分析模型与客户定义的 KPI 和业务目标集成在一起，在工业平台 Predix™ 上构建电厂数字孪生。该数字孪生包含通过传感器对电厂运行状况数据的获取、大规模数据管理、分析模型和业务规则分析引擎以及与业务应用程序的集成。工厂主管、经理和工人与数字孪生体进行实时交互。

Predix 基于云（公共或私有）边协同的系统，负责收集、格式化和发送数据，并进行实时响应和分析。Predix 是专门为大量数据获取、存储和执行分析模型、管理时间序列数据，并高速执行应用程序而设计的。

电厂数字孪生基于大量的设计、制造、检查、维修、在线传感器和操作数据，使用了一系列基于高保真机理模型和数据分析方法，预测分析电厂资产在其生命周期内的运行状况和性能。

数字孪生能模拟评估工厂内的每项资产的老化过程，疲劳、应力、氧化和其他因素造成的设备老化均可以进行预测，并有助于优化每项资产的管理以及改善维护和操作过程。

数字孪生使用机理模型和数据驱动模型结合的方式检测故障，以改进故障管理并减少计划外停机时间。由此，可以提高设备寿命曲线的准确性，并实现个性化维护。

数字孪生可以对热效率、电厂容量和排放物进行预测和评估，并针对各种影响因素进行模拟分析。

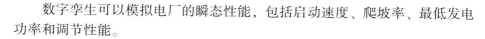

数字孪生可以模拟电厂的瞬态性能，包括启动速度、爬坡率、最低发电功率和调节性能。

▶ 6.3.3 功能和效益

借助数字孪生，可将电厂及其设备的管理水平提升到更高的水平，从而有效应对不断变化的电力市场、燃料价格和天气情况。数字孪生在提高资产性能、增强运营、改进能源交易决策、创造额外的收入和降低成本方面有显著效益。

1）资产绩效管理（APM）：通过将数据分析与领域专业知识相结合，形成支持决策的智能。数字孪生基于单一数据源，并基于具有鲁棒性的分析引擎，在问题发生之前做出预测，减少停机时间、延长资产寿命，在维护成本和运营风险之间做出合理选择。

2）运营优化：实现电厂数据在全厂范围以及相关人员的可见性，加强全体人员对运营决策的全面理解。通过 KPI 驱动的决策，可降低成本、提高整体生产率。

3）业务优化：降低财务风险，通过更智能的业务决策，提高盈利能力。

6.4 华能集团海上风电数字孪生

▶ 6.4.1 项目介绍

为充分利用数字孪生技术并实现与风电运营管理的深度融合，中国华能集团下属清洁能源技术研究院研发了风电数字孪生智慧运维系统。该系统旨在打造数字孪生全生命周期价值链智慧示范风电场，并在华能某风电场进行了示范应用。该技术借助物理模型、传感器监测数据及历史运行数据，采用多学科、多物理量、多尺度、多概率知识，完成物理空间实体在虚拟空间模型的映射，通过虚实之间的数据和信息的互联，不断完善和优化数字模型，实现物理实体横向全生命周期过程、纵向各物理层级系统在虚拟数字模型的全面描述，基于数字孪生模型完成物理实体的状态监测、故障预警等功能，实现风电智慧运维。

▶ 6.4.2 实施方案

华能集团清洁能源技术研究院面向风电数字化、智能化发展需求，将通用数字孪生理念引入海上风电运维过程，从机组及场群系统的超感知全景监测、数字孪生体模型开发及滚动迭代优化、状态检修及预测性智慧运维三大核心技术维度开展风电数字孪生研究，自主设计并开发了风电数字孪生智慧运维系统，实现了风电的实时监控和预测性运维，如图 6-1 所示。

图 6-1 风电数字孪生智慧运维系统等比例三维数字孪生模型

风电数字孪生智慧运维系统以等比例三维数字孪生模型为基础，建设一套数字孪生全生命周期价值链智慧示范风电场管理系统的数字孪生运营管理平台。选用先进的三维设计及协同平台，建立区域公司、海上风电场、海上升压站/陆上计量站/风电机组三级划分的展示系统，建立完善的海上风电场运维期 BIM 模型，包含设备类信息的细化。模型可以多层展示，主要部件颗粒度满足运维阶段设备最小可维护单元的要求，风机三维数字孪生模型包括塔底控制柜、变流器（含水冷系统）、箱变、偏航系统、液压系统、发电机系统、变桨系统、轴承系统、润滑油系统、控制柜系统等设备。海上升压站及陆上计量站数字孪生模型包括海缆、开关柜、主变、GIS、SVG、接地变、场用变等设备系统主要设备的 BIM 模型，如图 6-2~图 6-4 所示。

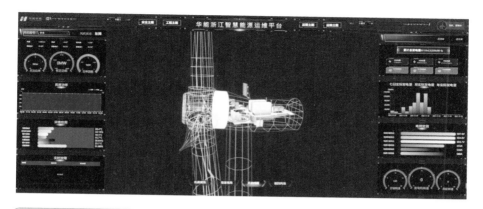

图 6-2　风机数字孪生

图 6-3　风场数字孪生

　　风电数字孪生智慧运维系统建立了风电全生命周期的数字化、智慧化管理体系。全生命周期定义了项目的时空维度，项目以全生命周期信息集中、共享、融合的大数据平台为基础，对风电项目各阶段的计划、组织、协调、控制等管理行为提供智能决策支持。通过建立全生命周期数据管理平台和集生产集控、信息监测、状态预测、数据分析、综合展示为一体的新能源综合信息服务平台，为风电投资决策、运营监测、故障处理、日常管理等提供全方位服务，为组织内的决策层、职能层和执行层提供决策、管理、维护于一体的系统解决方案。该项目已在风电场示范应用并进行了系统部署和应用测试，形成安全、工程、运维和运营四大主题，智能安防、工程管理、资源分析、智慧运维、健康管理和性能提升六项功能。

图6-4　海上升压站数字孪生

▶ 6.4.3　功能和效益

风电数字孪生智慧运维系统基于云计算、大数据、人工智能、物联网等新技术并结合风电场的业务应用场景，实现了风电场统一集中管理、精细化管理、优化人员配置、降低企业成本的目标。该系统大幅提升了智能运维水平，取得了显著的经济和社会效益。

1）系统提高了工作效率，从而减少了现场运维人员数量，节约了人力成本。

2）通过移动应用提升运维效率，降低检修时间并减少损失。

3）通过智能监盘及时发现现场故障，减少停机时长损失。

4）基于故障诊断和预警避免大部件损坏，降低机组故障率，减少经济损失。

5）基于智能运维控制提升风电机组功率特性，有效提升年发电量。

风电数字孪生智慧运维系统研究了基于数字孪生的风电预测性运维技术，推动了风电智能化进步，为发挥风电运行数据价值和提升海上风电运维水平提供了强有力的支持。中国华能集团清洁能源技术研究院自主研发的数字孪生智慧运维系统技术先进、适用性强，可以服务于规模化海上风电安全、高效、智能开发利用，有效支撑新型电力系统建设，助力实现"双碳"目标。

6.5 雄安新区变电站数字孪生

▶ 6.5.1 项目介绍

针对雄安新区电网设备规模快速增长、传统运检模式下需要配置大量运检人员的问题，雄安新区建设了变电站数字孪生，利用实时感知数据和三维展示技术，构建了变电站数字孪生，实现了变电站远程巡检、在线诊断和全寿命周期管理。该系统已在 220 kV 剧村变电站投入应用。

▶ 6.5.2 实施方案

雄安新区变电站数字孪生采用了 4 层架构：感知层、网络层、平台层和应用层，如图 6-5 所示。

感知层（变电站端）采用标准化传感技术，对变电站主设备及环境量数据进行全面采集，从而实现对变电站主设备状态和环境的全面感知。感知层由各类物联网传感器和网络节点组成，分为传感器层与数据汇聚层两部分，以实现传感信息采集和汇聚。

网络层由电力无线专网、电力 APN 通道、电力光纤网等通信通道及相关网络设备组成，为电力设备物联网提供高可靠性、高安全性、高带宽的数据传输通道。

平台层利用公司一体化"国网云"、全业务统一数据中心、物联管理中心等平台实现数据共享交互。物联管理平台实现物联网各类传感器及网络节点装备的管理、协调与监控，承担数据获取、状态分析和实时预警等任务，对物联网边缘计算算法进行远程配置，实现多源异构物联网数据的开放式接入和海量数据存储。

应用层可以提供实时监视、统计分析、三维视频融合、作业管理、虚拟巡视、模拟演练等功能。这些功能被融合在全景监视、统计分析、环境监视、作业管理、缺陷管理、实时告警、设备管理、技术监督 8 个子模块中，如图 6-5 所示。

雄安新区变电站数字孪生通过多维感知、远程巡检来获取变电站运行数据；采用统一数据模型 SG-CIM 实现数据融合；应用大数据分析、人工智能等技术建立模型；通过三维图形引擎、3D GIS 对变电站状态进行直观展示。

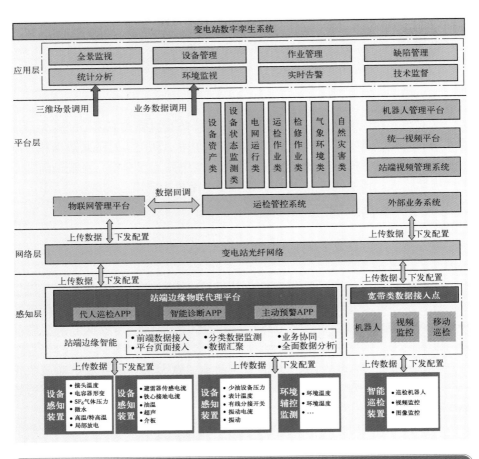

图6-5 雄安新区变电站数字孪生架构

▶ 6.5.3 功能和效益

雄安新区剧村变电站的数字孪生具有三维建模功能，三维可视化展示效果良好。数字孪生可对变电站设备和运行环境进行全方位三维展现，并可以推演天气变化趋势。数字孪生展现变电设备、作业人员、巡检机器人、巡检无人机的地理位置，实现对上述设备、设施和人员的快速定位；根据设计的智能巡检路线，对巡检机器人和无人机进行三维可视化导航，实现快捷路径设置以便于高效作业。

剧村变电站的数字孪生，基于大数据和人工智能算法，实现平台与机器人巡检系统对接，实时调取巡检任务，在数字孪生变电站内直观展示机器人巡检路线，对接机器人实时画面和热成像画面。通过虚拟巡检与站端机器人"空地结合"的巡检方式，可以真正实现对室内变电站设备的全面检测。采用先进的 AI 摄像头，通过对设备进行图像识别，自动对图像进行智能分析，可精确分析设备状态、作业操作动态、周边环境状况等。通过构建三维数字孪生场景和设备的高精度内外部结构模型，开发设备部件级拆解系统，实现设备检修过程仿真、设备部件信息仿真、设备拆解演练仿真和仿真设备知识讲解。

基于变电站数字孪生的运维模式，可有效提升设备运维精益化管理水平，减少现场作业频度，降低现场作业误操作风险；通过对设备状态的精准评估，可延长设备寿命周期，实现资产增值。

6.6 上海浦东变电站数字孪生

▶ 6.6.1 项目介绍

上海市电力公司浦东供电公司在蔡伦站和博艺站建设了变电站数字孪生。35 kV 蔡伦变电站，地处国家级技术高地——张江科学城，为区域内"三大三新"产业提供电力保障。博艺站是为了加强临港新片区电网而建设的 8 个 110 kV 变电站之一。

▶ 6.6.2 实施方案

蔡伦站内运用 25 类传感技术搭建全维度前端感知网络，实现更为全面、准确、及时的状态感知，将专家知识与人工智能相结合，对传感器采集的动态数据和海量历史数据进行研判分析，实时诊断设备健康状态。当感知到设备出现异常情况时，系统还会对巡检机器人发出指令进行复测，同时缩短传感器的采样周期，实现"双向互动""循环复诊"。通过设备不同"健康指标"之间的"环形验证"，数字孪生系统不仅能够及时发现缺陷，还能够快速定位缺陷，给出相应的"治疗方案"，做到"提早发现，精准治疗"。同时，系统还可以根据设备健康状态"对症下药"，输出差异化、精细化的检修策略，由预防性检修转向预测性检修，推动检修模式从"粗放经营"向"提质增效"转变。

在博艺站，搭建了包含 7 类传感器的前端感知网络，全时段、全维度、高密度采集设备状态，在打造的三维变电站模型基础上，建立变电站数字孪生。在构建博艺站数字孪生的设计阶段，将变电站本体和设备的建筑信息模型（BIM）与数字孪生技术融合，集成变电站设备参数、实验报告、运行状态等信息。得益于 BIM 技术，变电站内的设备模型都可以清晰展示，工作人员能随时查看设备状态、关键状态量、遥信遥测数据以及环境数据等重要信息，甚至试验报告也可以随时读取。数字孪生投运后，在设备出现异常情况时自动缩短传感器采样周期，应用专家知识和人工智能分析等技术，对传感器采集的实时数据以及历史数据进行分析，实时诊断、分析和告知设备的健康状态以及异常发展趋势，更能综合考虑设备状态、规程要求、电网检修"三步走"原则等多种因素，输出差异化、精细化的检修策略。

变电站设计之初就以移交运行使用的标准进行建造、验收、投运，在投运后可以同步显示实体变电站的所有信息，实体变电站建设的同时，一座"拷贝不走样"的数字变电站也在同步建设，投运后，变电站实体负责实际供配电，变电站数字孪生体展现错综复杂的数据，如图 6-6 所示。

图 6-6　35 kV 蔡伦智慧变电站

▶▶ 6.6.3　功能和效益

借助变电站数字孪生，实现了变电站设备健康状态个性化定制检修策略及设备检修精确决策，推动检修模式从粗放型向精细化、定制化转变。浦东变电站数字孪生的建设，创新了变电站的建设理念，使变电站成为具有思考和交互功能的数字孪生体，实现数字孪生体与运行人员的互动和交流，降低了运维用人成本，进一步提升智能化水平与安全生产能力，为今后变电站及其数字孪生体的同步建设和投运提供了新模式。

6.7　南方电网源网荷储数字孪生

▶ 6.7.1　项目介绍

南方电网数字孪生技术的应用，主要体现在"南网智瞰"。南网智瞰是实现"全网一张图"的门户及应用，基于南网公司数字化技术基础平台和数字孪生技术，融合地理、物理、管理和业务信息，集成关系、图、三维的电力领域数据建模技术，构建了涵盖设备全要素、全时空，覆盖源网荷储的数字孪生，如图 6-7 所示。

▶ 6.7.2　实施方案

（1）电源数字孪生

通过将发电生产领域账卡物一致性管理、缺陷管理、发电设备状态监测等应用的数据进行集成，探索涵盖机组起停状态、可靠性指标、电量统计、缺陷统计等业务场景的数据多维立体融合分析展示。

基于领域信息模型，形成了调峰调频公司生产业务数字化转型建设的方法模式，按照业务框架，策划并构建了业务模型，精准表达了业务需求，实现了业务规范与 IT 系统建设的无缝对接。此外，还开发了业务领域信息模型建模工具，规范了业务领域信息模型的构建方法。

以清远抽水蓄能电站为试点，开展了抽水蓄能电站三维建模与可视化的研究及应用，为进一步的数据分析和管理、相关决策优化等应用系统提供了三维可视化平台支持，彻底消除了数据孤岛，以设备为中心，串联了生产管理主要业务活动。

（2）电网数字孪生

南方电网已完成 110kV 及以上架空输电线路与变电站图形、台账、拓扑等信息治理，共有 76 万基杆塔和 4794 座变电站达到了 99% 的坐标准确率；

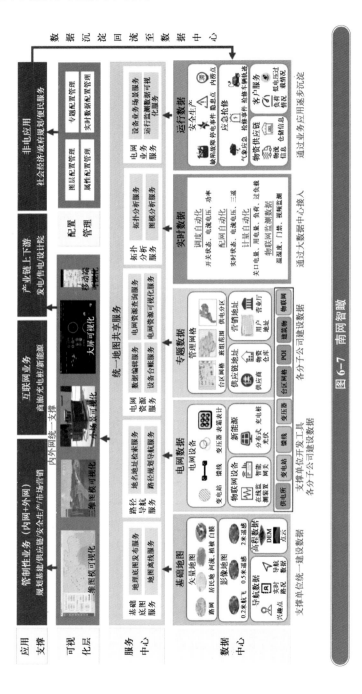

图 6-7 南网智瞰

西电东送"八交十一直"直流线路约 1.5 万 km，佛山供电局和汕头供电局全局 35 kV 及以上架空输电线路约 7000 km，以及从 ±800 kV 换流站到 35 kV 变电站的 19 座试点变电站的三维数字孪生建设。

以南网智瞰地图服务为基础，通过激光建模技术、模式矢量化技术开展架空线路信息建模，信息模型融合在线监测、机巡等数据。三维数字化通道是数字输电的基础与载体，它支撑线路智能验收、强化数字赋能、开展无人机自动驾驶，并提升空间距离监测。

220 kV 大英山变电站数字孪生，全面融合海南数字电网平台，实现生产运行状态实时在线测量，物理设备、控制系统和信息系统的互联互通。同时贯通主配网动态拓扑，支撑全电压等级全链路的电网拓扑分析。

数字孪生变电站模型设计，从企业级全局出发，统筹兼顾各部门视角及需求，统一设计，消除冗余，加强协同，实现资产全生命周期信息贯通共享。

依据模型层级与设备、部件颗粒度分类，对每个配电区域、间隔、一次设备、隔离开关和短路器等进行设备实例化，通过相应的编码和电气一次主接线图，实现量测数据实例化。相关数据统一汇聚到南网公司数据中心，形成数据的统一入口、存储、出口。采用 Web 端三维可视化技术，重构立体孪生世界，实现变电站生产设备、调度运行融合管理。

（3）负荷数字孪生

松山湖用电数字孪生利用数字孪生、物联网和云边融合技术，构建了分层级多能协同优化体系，实现了多种能源形式并网运行和高效消纳。

松山湖用电数字孪生接入电动汽车充电站、充电桩、光伏站、冷热电联产系统、储能站、柔性负荷点、微网等多个设备。它采用了复杂的并行计算，建立了能够反映用电特性的数字模型，如图 6-8 所示。

▶ 6.7.3 功能和效益

通过应用输变电数字孪生，提高了设备运行可靠性，减少了运维成本；应用电源数字孪生，提升了电力系统灵活源管控能力，提高了电网接纳新能源的能力。

应用负荷数字孪生后，显著缩短了客户年平均停电时间，提升了分布式清洁能源消纳率，2021 年度累计减少客户用电经济损失大于 600 万元。

覆盖源网荷储的电力系统数字孪生提升了对复杂电网驾驭能力；将数据

作为提升生产力的核心要素，提高了数据资产价值，实现了电网管理与业务变革。

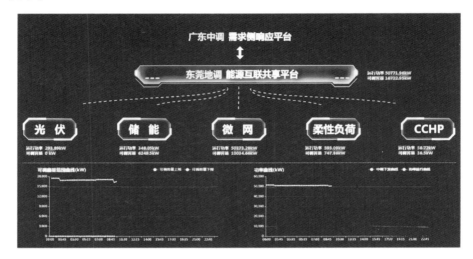

图6-8　松山湖用电数字孪生

参 考 文 献

［1］中国电力企业联合会．电力行业数字孪生技术应用白皮书［Z］．2022．

［2］代佳琨，向月，刘俊勇，等．基于数字孪生的区域气象关联风电预测模型［J］．四川电力技术，2023，46（2）：32-38．

［3］朱琼锋，李家腾，乔骥，等．人工智能技术在新能源功率预测的应用及展望［J］．中国电机工程学报，2023，43（8）：3027-3048．

［4］WU W B，PENG M G. A data mining approach combining K-means clustering with bagging neural network for short-term wind power forecasting［J］．IEEE Internet of Things Journal，2017，4（4）：979-986．

［5］王尤嘉，鲁宗相，乔颖，等．基于特征聚类的区域风电短期功率统计升尺度预测［J］．电网技术，2017，41（5）：1383-1389．

［6］张浩．基于深度学习的风电功率预测方法研究［D］．北京：华北电力大学，2017．

［7］HINTON G E，SALAKHUTDINOV R R. Reducing the dimensionality of data with neural networks［J］．Science，2006，313（5786）：504-507．

［8］BENGIO Y，LAMBLIN P，POPOVICI D，et al. Greedy layer-wise training of deep networks［J］．Advances in Neural Information Processing Systems，2007，19：153-160．

［9］HINTON G E，OSINDERO S，TEH Y W. A fast learning algorithm for deep belief nets［J］．Neural Computation，2006，18（7）：1527-1554．

［10］RANZATO M，BOUREAU Y L，LECUN Y. Sparse feature learning for deep belief networks［J］．Advances in Neural Information Processing Systems，2007，20：1185-1192．

［11］HINTON G E. Learning multiple layers of representation［J］．Trends in Cognitive Sciences，2007，11（10）：428-434．

［12］LECUN Y，BENGIO Y，HINTON G. Deep learning［J］．Nature，2015，521（7553）：436-444．

［13］孙志军，薛磊，许阳明，等．深度学习研究综述［J］．计算机应用研究，2012，29（8）：2806-2810．

［14］代倩，段善旭，蔡涛，等．基于天气类型聚类识别的光伏系统短期无辐照度发电预测模型研究［J］．中国电机工程学报，2011，31（34）：28-35．

［15］陈昌松，段善旭，殷进军．基于神经网络的光伏阵列发电预测模型的设计［J］．电

工技术学报，2009，24（9）：153-158.

[16] 陈志宝，丁杰，周海，等. 地基云图结合径向基函数人工神经网络的光伏功率超短期预测模型［J］. 中国电机工程学报，2015，35（3）：561-567.

[17] WAN C，XU Z，PINSON P，et al. Probabilistic forecasting of wind power generation using extreme learning machine［J］. IEEE Transactions on Power Systems，2014，29（3）：1033-1044.

[18] 丁明，刘志，毕锐，等. 基于灰色系统校正-小波神经网络的光伏功率预测［J］. 电网技术，2015，39（9）：2438-2443.

[19] 欧阳庭辉，查晓明，秦亮，等. 基于气象背景选取邻近点的风电功率爬坡事件预测方法［J］. 电网技术，2015，39（11）：3266-3272.

[20] 孙荣富，王隆扬，王玉林，等. 基于数字孪生的光伏发电功率超短期预测［J］. 电网技术，2021，45（4）：1258-1264.

[21] 赵欣宇. 光伏发电系统功率预测的研究与实现［D］. 北京：华北电力大学，2012.

[22] 李建红，陈国平，葛鹏江，等. 基于相似日理论的光伏发电系统输出功率预测［J］. 华东电力，2012，40（1）：153-157.

[23] 贾翠玲. 并网型光伏发电短期功率预测的研究与应用［D］. 北京：华北电力大学，2016.

[24] 于炳霞，谭志萍，崔方，等. 光伏发电功率预测自适应建模方法研究［J］. 电网与清洁能源，2013，29（1）：70-73，81.

[25] 赵康宁，蒲天骄，王新迎，等. 基于改进贝叶斯神经网络的光伏出力概率预测［J］. 电网技术，2019，43（12）：4377-4386.

[26] 王育飞，付玉超，孙路，等. 基于混沌-RBF神经网络的光伏发电功率超短期预测模型［J］. 电网技术，2018，42（4）：1110-1116.

[27] 贺兴，艾芊，朱天怡，等. 数字孪生在电力系统应用中的机遇和挑战［J］. 电网技术，2020，44（6）：2009-2019.

[28] ZHOU M，YAN J F，FENG D H. Digital twin framework and its application to power grid online analysis［J］. Journal of Power and Energy Systems，2019，5（3）：391-398.

[29] SONG X Y，JIANG T，SCHLEGEL S，et al. Parameter tuning for dynamic digital twins in inverter-dominated distribution grid［J］. IET Renewable Power Generation，2020，14（5）：811-821.

[30] 朱想，居蓉蓉，程序，等. 组合数值天气预报与地基云图的光伏超短期功率预测模型［J］. 电力系统自动化，2015，39（6）：4-10，74.

[31] 司志远，杨明，于一潇，等. 基于卫星云图特征区域定位的超短期光伏功率预测方法［J］. 高电压技术，2021，47（4）：1214-1223.

[32] ZHAO X，WEI H K，WANG H，et al. 3D-CNN-based feature extraction of ground-

based cloud images for direct normal irradiance prediction ［J］. Solar Energy, 2019, 181: 510-518.

［33］ WENH R, DU Y, CHEN X Y, et al. Deep learning based multistep solar forecasting for PV ramp–rate control using sky images ［J］. IEEE Transactions on Industrial Informatics, 2021, 17 （2）: 1397-1406.

［34］ 王皓怀, 邓韦斯, 戴仲覆, 等. 面向新能源功率多时空尺度精确预测的机制创新与平台建设探索 ［J］. 南方电网技术, 2023, 17 （2）: 3-10.

［35］ 龚莺飞, 鲁宗相, 乔颖, 等. 光伏功率预测技术 ［J］. 电力系统自动化, 2016, 40 （4）: 140-151.

［36］ ASTIC J Y, BIHAIN A, JEROSOLIMSKI M. The mixed Adams-BDF variable step size algorithm to simulate transient and long term phenomena in power systems ［J］. IEEE Transactions on Power Systems, 1994, 9 （2）: 929-935.

［37］ 倪以信, 陈寿孙, 张宝霖. 动态电力系统的理论和分析 ［M］. 北京: 清华大学出版社, 2002.

［38］ 王锡凡, 方万良, 杜正春. 现代电力系统分析 ［M］. 北京: 科学出版社, 2003.

［39］ WANG C, YUAN K, LI P, et al. A projective integration method for transient stability assessment of power systems with a high penetration of distributed generation ［J］. IEEE Transactions on Smart Grid, 2018, 9 （1）: 386-395.

［40］ 宋新立, 汤涌, 卜广全, 等. 面向大电网安全分析的电力系统全过程动态仿真技术 ［J］. 电网技术, 2008, 32 （22）: 23-28.

［41］ 王成山. 微电网分析与仿真理论 ［M］. 北京: 科学出版社, 2014.

［42］ 林智莘. 面向微电网分布式实时仿真关键技术研究 ［D］. 北京: 北京理工大学, 2015.

［43］ 吴文辉, 曹祥麟. 电力系统电磁暂态计算与 EMTP 应用 ［M］. 北京: 中国水利水电出版社, 2012.

［44］ GEAR C W. Numerical Initial Value Problems in Ordinary Differential Equations ［M］. Upper Saddle River: Prentice Hall PTR, 1971.

［45］ SANCHEZ-GASCA J J, D'AQUILA R. Extended-term dynamic simulation using variable time step integration ［J］. IEEE Computer Applications in Power, 1993, 6 （4）: 23-28.

［46］ SANCHEZ-GASCA J J. Variable time step, implicit integration for extended-term power system dynamic simulation ［C］. IEEE/PICA Conference, Salt Lake, 1995.

［47］ KURITA A, OKUBO H, OKI K, et al. Multiple time-scale power system dynamic simulation ［J］. IEEE Transactions on Power Systems ［J］. 1993, 8 （1）: 216-223.

［48］ STUBBE M, BIHAIN A, DEUSE J, et al. STAG-A new unified software program for the study of the dynamic behaviour of electrical power systems［J］. IEEE Transactions on Power Systems，1989，4（1）：129-138.

［49］ YANG D，MEMBER S，AJJARAPU V，et al. A decoupled time-domain simulation method via invariant subspace partition for power system analysis［J］. IEEE Transactions on Power Systems，2006，21（1）：11-18.

［50］ 苏思敏. 基于混合积分法的电力系统暂态稳定时域仿真［J］. 电力系统保护与控制，2008，36（15）：56-59.

［51］ CHEN J，CROW M L. A variable partitioning strategy for the multirate method in power systems［J］. IEEE Transactions on Power Systems，2008，23（2）：259-266.

［52］ 王成山，彭克，李琰. 一种适用于分布式发电系统的积分方法［J］. 电力系统自动化，2011，35（19）：28-32.

［53］ PEKAREK S D，WASYNCZUK O，WALTERS E A，et al. An efficient multirate simulation technique for power-electronic-based systems［J］. IEEE Transactions on Power Systems，2004，19（1）：399-409.

［54］ 汤涌. 电力系统全过程动态（机电暂态与中长期动态过程）仿真技术与软件研究［D］. 北京：中国电力科学研究院，2002.

［55］ 史文博，顾伟，柳伟，等. 结合模型切换和变步长算法的双馈风电建模及仿真［J］. 中国电机工程学报，2019，39（22）：6592-6600.

［56］ 张华军，谢呈茜，苏义鑫，等. 船舶操纵运动仿真中改进变步长龙格库塔算法［J］. 华中科技大学学报（自然科学版），2017，45（07）：122-126.

［57］ 胡家兵，袁小明，程时杰. 电力电子并网装备多尺度切换控制与电力电子化电力系统多尺度暂态问题［J］. 中国电机工程学报，2019，39（18）：5457-5467，5594.

［58］ 康重庆，姚良忠. 高比例可再生能源电力系统的关键科学问题与理论研究框架［J］. 电力系统自动化，2017，41（9）：2-11.

［59］ 苗璐，高海翔，易杨，等. 电力系统电磁-机电暂态混合仿真技术综述［J］. 电气应用，2018，37（14）：20-23.

［60］ 李秋硕，张剑，肖湘宁，等. 基于RTDS的机电电磁暂态混合实时仿真及其在FACTS中的应用［J］. 电工技术学报，2012，27（03）：219-226.

［61］ 柳勇军. 电力系统机电暂态和电磁暂态混合仿真技术的研究［D］. 北京：清华大学，2006.

［62］ 赵彤，吕明超，娄杰，等. 多馈入高压直流输电系统的异常换相失败研究［J］. 电网技术，2015，39（03）：705-711.

［63］ 王晶，梁志峰，江木，等. 多馈入直流同时换相失败案例分析及仿真计算［J］. 电力系统自动化，2015，39（4）：141-146.

［64］ 文劲宇，孙海顺，程时杰. 电力系统的次同步振荡问题［J］. 电力系统保护与控制，

2008（12）：1-4，7.

［65］ 樊丽娟，穆子龙，金小明，等．高压直流输电系统送端谐波不稳定问题的判据［J］.
电力系统自动化，2012，6（04）：62-68.

［66］ MARTI J R, LINARES L R, CALVINO J, et al. OVNI：An object approach to real-time
power system simulators［C］. International Conference on Power System Technology, Bei-
jing, 1998.

［67］ HARIRI A, FARUQUE M O. A hybrid simulation tool for the study of PV integration im-
pacts on distribution networks［J］. IEEE Transactions on Sustainable Energy, 2017, 8
（2）：648-657.

［68］ 韩佶，董毅峰，苗世洪，等．基于 MATE 的电力系统分网多速率电磁暂态并行仿真方
法［J］. 高电压技术，2019，45（6）：1857-1865.

［69］ 张怡，吴文传，张伯明，等．基于频率相关网络等值的电磁 - 机电暂态解耦混合仿真
［J］. 中国电机工程学报，2012，32（16）：107-114.

［70］ 胡一中，吴文传，张伯明．采用频率相关网络等值的 RTDS-TSA 异构混合仿真平台
开发［J］. 电力系统自动化，2014，38（16）：88-93.

［71］ SHU D, XIE X, DINAVAHI V, et al. Dynamic phasor based interface model for EMT and
transient stability hybrid simulations［J］. IEEE Transactions on Power Systems, 2018, 33
（4）：3930-3939.

［72］ SHU D, XIE X, JIANG Q, et al. A novel interfacing technique for distributed hybrid simu-
lations combining EMT and transient stability models［J］. IEEE Transactions on Power
Delivery, 2018, 33（1）：130-140.

［73］ HO C, RUEHLI A, BRENNAN P. The modified nodal approach to network analysis［J］.
IEEE Transactions on Circuits and Systems, 1975, 22（6）：504-509.

［74］ 徐晋，汪可友，李国杰．电力电子设备及含电力电子设备电力系统实时仿真研究综
述［J］. 电力系统自动化，2022，46（10）：3-17.

［75］ 穆清，李亚楼，周孝信，等．基于传输线分网的并行多速率电磁暂态仿真算法［J］.
电力系统自动化，2014，38（07）：47-52.

［76］ PANG H, ZHANG F, BAO H, et al. Simulation of modular multilevel converter and DC
grids on FPGA with sub-microsecond time-step［C］. IEEE Energy Conversion Congress
and Exposition, Cincinnati, 2017.

［77］ TOMIM M A, MARTI J R, PASSOS FILHO J A. Parallel transient stability simulation
based on multi-area Thévenin equivalents［J］. IEEE Transactions on Smart Grid, 2016, 8
（3）：1366-1377.

［78］ DUFOUR C, MAHSEREDJIAN J, BÉLANGER J. A combined state-space nodal method
for the simulation of power system transients［J］. IEEE Transactions on Power Delivery,

2010, 26（2）: 928-935.

[79] BENIGNI A, MONTI A, DOUGAL R A. Latency-based approach to the simulation of large power electronics systems ［J］. IEEE Transactions on Power Electronics, 2013, 29（6）: 3201-3213.

[80] BENIGNI A, MONTI A. A parallel approach to real-time simulation of power electronics systems ［J］. IEEE Transactions on Power Electronics, 2014, 30（9）: 5192-5206.

[81] MILTON M, BENIGNI A. Latency insertion method based real-time simulation of power electronic systems ［J］. IEEE Transactions on Power Electronics, 2017, 33（8）: 7166-7177.

[82] MILTON M, BENIGNI A, MONTI A. Real-time multi-FPGA simulation of energy conversion systems ［J］. IEEE Transactions on Energy Conversion, 2019, 34（4）: 2198-2208.

[83] XU J, WANG K, WU P, et al. FPGA-based sub-microsecond-level real-time simulation for microgrids with a network-decoupled algorithm ［J］. IEEE Transactions on Power Delivery, 2019, 35（2）: 987-998.

[84] 刘海峰, 池威威, 贾志辉, 等. 变电站数字孪生系统的设计与应用 ［J］. 河北电力技术, 2021, 40（3）: 8-14.

[85] 黄鑫, 汤蕾, 朱涛, 等. 数字孪生在变电设备运行维护中的应用探索 ［J］. 电力信息与通信, 2021, 19（12）: 102-107.